LIHE STACK

CHRIST'S COLLEGE
LIBRARY

A CLASSIFICATION OF LIVING ANIMALS

A CLASSIFICATION OF LIVING ANIMALS

LORD ROTHSCHILD
G.M., Sc.D., F.R.S.

LONGMANS

LONGMANS, GREEN AND CO LTD
48 Grosvenor Street, London, W.1.
*Associated companies, branches and representatives
throughout the world*

© LORD ROTHSCHILD 1961, 1965

FIRST PUBLISHED 1961
SECOND IMPRESSION WITH CORRECTIONS 1962
SECOND EDITION 1965

*Printed in Great Britain
By Robert MacLehose and Co Ltd, The University Press, Glasgow*

PREFACE TO THE SECOND EDITION

This edition differs from the first in the following ways: (1) some mistakes have been corrected; (2) some new orders have been added; (3) the Porifera (sponges) and the Bivalvia (Mollusca) have been re-classified; (4) some parts of Appendix I, Further Reading, have been revised, with consequential changes in Appendix III, References; (5) several scientists have suggested that the number of examples of 'better known genera' could be increased with advantage. This has been done. Chapter III and the Index now contain 5,000 instead of 3,000 genera. Typographical considerations precluded all these genera being recorded in Chapter III. As emphasized in the second paragraph of Chapter I, 'better known genera' is of necessity an arbitrary and vague phrase.

One eminent reviewer remarks that this book does not provide readers with the information necessary for the identification of species. In the three pages, however, which make up Chapter I, I state that the identification of species is far beyond the scope of this book; and, for that matter, of its author.

R.

1 September 1964

CONTENTS

	page
INTRODUCTION	ix
I. SCOPE	1
II. SUMMARIZED CLASSIFICATION	4
III. CLASSIFICATION OF LIVING ANIMALS	6
APPENDIX I: FURTHER READING	49
APPENDIX II: ACKNOWLEDGMENTS	52
APPENDIX III: REFERENCES	54
ANIMAL AND GROUP INDEX	61

INTRODUCTION

The following notes may be helpful:

(1) Chapter I explains the purpose of the book and how to use it.

(2) Chapter II is a summarized classification of living animals.

(3) Chapter III is a classification of living animals, with examples of genera in each class, order, sub-order, etc.

(4) Appendix I provides references for further reading.

(5) Appendix II is a list of the authorities consulted on the classifications.

(6) Some 5,000 examples of 'better known' genera are mentioned in Chapter III and the Index, which also gives the order or sub-order to which each genus belongs.

(7) The Index contains more examples than the text. The reader who wishes to see whether a particular animal is classified should refer to the Index and not to the order, in Chapter III, to which he believes the animal belongs.

(8) Only a certain number of English names are recorded and some of these might be questioned by the purist. Innumerable examples could be given of the confusion caused by the use of vernacular as opposed to Latin names. Where I live, the hedgehog, *Erinaceus*, is sometimes called an urchin. Where I often work, an urchin is called *Echinus*. But members of the order Echinoida (sea urchins), to which *Echinus* belongs, are also called sea hedgehogs, egg urchins, sea eggs, egg-fish, buttonfish, sea thistles, needle shells, chestnuts, burrs, spikes, zarts, sea borers, porcupines and whore's eggs.

(9) No species are given, only genera, or, in some cases, sub-genera. The English names of some better known animals are, therefore, missing, because they refer to a species and not the genus: for example, the herring gull (*Larus argentatus*) and the crested newt (*Triton cristatus*). The reader will not find herring gull or crested newt in the Index, but will find gull, newt, *Larus* and *Triton*.

I. SCOPE

During my studies of spermatozoa, I have often been frustrated by having to consult a number of books, instead of one, to find an up-to-date classification of the animal kingdom: and it occurred to me that other scientists might have the same difficulty. Classifications of the animal kingdom are available; but the only comprehensive ones of which I am aware are that of my first biology teacher, D. M. Reid (1925), which is out of print and now out-of-date, and that prepared in 1949 for Section F of the American Association for the Advancement of Science, *Zoological Names, a List of Phyla, Classes and Orders*. Apart from having no table of contents, index or examples, this pamphlet, which is reproduced in Spector's *Handbook of Biological Data* (1956), was clearly written for zoologists and not for physiologists, biochemists, biophysicists and those biologists who are not familiar with the classification of animals, for whom this book is intended.^{1}

The book and its Index can be used to find out how the animal kingdom, or parts of it, are classified, which are the eutherian mammals, what phasmids and Homoptera are, etc. Neither the book nor its Index can necessarily provide answers to questions about the systematic positions of individual genera, because there are some two hundred thousand genera in the animal kingdom.^{2} Nevertheless, the Latin and some English names of a number of better known genera have been included. A genus may be well known to one person and unknown to another; any selection of 'better known genera' is bound, therefore, to be arbitrary. The reader is, therefore, almost certain to find that some genera, which are well known to him, are absent. Similarly, the English names of some better known animals are missing, because no species, only genera, are mentioned.

No extinct groups are mentioned, although from time to time members of such groups turn out not to be extinct at all, as in the case of the coelacanth (Actinistia) and the mollusc *Neopilina* (Tryblidiacea). The omission of extinct orders may give the misleading impression that a system of classification is top-heavy. In classifications of recent birds (Class Aves), for example, one sub-class, Neornithes, is sometimes included; this may seem unnecessary. But if the classification includes extinct birds, Neornithes is seen to be one of two sub-classes, the other, extinct, one being Archaeornithes.

Alternative classifications are given of the Porifera, Platyhelminthes and Nematoda. The nematode classification of Chitwood & Chitwood (1950) is preferred to that of Hyman, which is well known because her treatise *The Invertebrates* (1940–1959) is so well known. A classification of the Porifera by Dr. W. D. Hartman is preferred to that of Burton. Professor Jean Baer's classification of the Platyhelminthes, published in Grassé's *Traité de Zoologie* (1961), is preferred to that of Professor Ben Dawes, but the decision was a personal one. The preferred classification is given first in each case. The same genera are cited as examples in the alternative classifications, but in the Index genera are referred to the preferred classifications. Alternative classifications of several other groups could have been given, e.g. the class Echinoidea, because systematics is a dynamic subject about which zoologists often disagree. But only the Porifera, Platyhelminthes and Nematoda seemed to require this treatment in a book of this size and detail.

If an English name applies to a particular genus, as in the case of 'whelk', it will be found in the singular after the generic name, *Buccinum*. But if the same English name applies to two or more genera, it will be found, in the plural, after the genera to which it applies, for example *Cavolina, Spiratella* (=*Limacina*) (sea-butterflies). When English names are available for higher groupings, such as sponges (Porifera), these will be found after the Latin names. No attempt has been made to give a comprehensive list of English or vernacular names, interesting as it may be to know that everyone in the Barbados is familiar with sea eggs, but no one with sea urchins. Such information is outside the scope of this book. Whenever possible, therefore, Latin and not English names should be looked up in the Index. In a few cases where an

^{1} *Classification of the Animal Kingdom* by R. E. Blackwelder, Southern Illinois University Press (1963) can hardly be called 'comprehensive' because no genera are cited.

^{2} If a genus is not in this book, the most likely places to find it are in Neave's *Nomenclator Zoologicus* (1939–1950) or the Zoological Record.

animal causes a disease which has an English name, it has been put in brackets after the generic name of the animal, for example *Entamoeba* (amoebic dysentery).

When a synonym exists for a phylum, class, order, etc. and is worth mentioning, it is put in brackets after the preferred name, e.g.

DISCOCEPHALI (=ECHENEIFORMES)

If the group represented by the synonym is approximately equal to the group represented by the preferred name, the sign for 'approximately equal' is used:

PLECTOGNATHI (≑TETRAODONTIFORMES)

If there are two synonyms, they are recorded as follows:

OLIGONEOPTERA (=ENDOPTERYGOTA, HOLOMETABOLA)

When the relationship between a preferred name and certain synonyms or near-synonyms is simple, the relationship is recorded as follows, sometimes as a footnote:

MESOGASTROPODA (=MONOTOCARDIA, PECTINIBRANCHIA, −STENOGLOSSA)

This means that the order Mesogastropoda is the same as the order Monotocardia or Pectinibranchia, *minus* Stenoglossa. A plus sign between two synonyms would have the analogous meaning.

Synonyms of genera have only been given where there was good reason to do so. To attempt more would make several entries under orders and sub-orders cumbersome. For example, the palmate newt *Triturus helveticus* (Caudata) is, or has been, known as *Diemictylus palmatus*, *Molge palmata* and *Triton palmatus*, so that the inclusion of these synonyms would be entered as follows:

Triturus (= *Diemictylus*, *Molge*, *Triton*) (newt)

Even if such an entry were desirable in principle, it would be unacceptable in practice, because the synonyms apply to the palmate newt and not necessarily to all newts. This question, of a synonym often applying to one species and not to the whole genus, is another reason for avoiding synonyms except when they serve a special purpose.

Some synonyms, such as *Troglodytes* for *Pan* (the chimpanzee), *Auchenia* for *Lama* (the llama) and a few others, may be thought surprising or unnecessary. They have been included because some physiologists or biochemists used these synonyms instead of the preferred names.

To avoid possible confusion, I have occasionally put a warning footnote when the name of a group, such as Decapoda, is used in more than one part of the animal kingdom. Attention has not been drawn to cases of two different animals having, or having had, the same names. A casual glance at Neave's *Nomenclator Zoologicus* (1939–1950) shows that homonyms are far more common than many biologists realize. *Aricia*, for example, is cited in Neave as a mollusc, a polychaete, a fly and a moth. There seemed no point in trying to record all homonyms, irrespective of their importance for readers of this book.

Apart from 'phylum', 'class', 'order', etc., the Index contains all the words in Chapters II and III. If the reader wishes to look up Mammalia, or Prototheria, or Simiae in the Index, no difficulties arise and the appropriate page numbers will be found after these words, for example, Prototheria, 45. But if the reader wishes to know the systematic position of *Phascolarctos*, a page number would provide insufficient information because there are about seventy-five Latin or English generic names per page. In the Index, therefore, the generic name of an animal, or the English name of a genus, is followed by the order or sub-order (when these exist) to which the animal belongs, and then the page number, as in the following examples:

Phascolarctos, Marsupialia, 45
3-toed sloth (*Bradypus*), Edentata, 46

It is hardly necessary to mention that if two page numbers occur after a word in the Index, as in

Acoela, 13, 23

the Acoela will be found on both pages. This is because Acoela is an order within the class Turbellaria (phylum Platyhelminthes) and within the class Gastropoda (phylum Mollusca).

I referred on page 2 to the inclusion in the Index of animals mentioned in a number of textbooks of physiology and biochemistry. The format of this book prevents all of these being referred to in the text, even if this were desirable, and a number have, therefore, been mentioned only in the Index. In such cases the entry is of the form

Eriocheir, Reptantia, 32

The entry shows to which sub-order *Eriocheir* belongs, while reference to p. 32 shows that *Eriocheir* is a crustacean and not a mollusc.^{1} If, therefore, a reader wants to look up a particular genus in this book, reference *must*, in the first instance, be made to the Index and not to the text, as more animals are mentioned in the former than the latter. No English names are given of genera which are only mentioned in the Index.

All the classifications have been discussed with specialists on the group or groups in question. To avoid cluttering up this chapter with innumerable acknowledgments to the many scientists who have had the kindness and patience to help me, an Acknowledgment Appendix is included at the end of this book. In fairness to those who have helped me, I should own that I have not always taken their advice. Any errors^2 are, therefore, my responsibility and due to ignorance of a diverting branch of natural science which is neglected by many 'modern' biologists.

Since my book is, in a sense, a dictionary, I will conclude this chapter with some observations made by a previous lexicographer (Johnson, 1755, A^r).

'It is the fate of those who toil at the lower employments of life, to be rather driven by the fear of evil, than attracted by the prospect of good; to be exposed to censure, without hope of praise; to be disgraced by miscarriage, or punished for neglect, where success would have been without applause, and diligence without reward.

'Among these unhappy mortals is the writer of dictionaries; whom mankind have considered, not as the pupil, but the slave of science, the pionier of literature, doomed only to remove rubbish and clear obstructions from the paths of Learning and Genius, who press forward to conquest and glory, without bestowing a smile on the humble drudge that facilitates their progress. Every other authour may aspire to praise; the lexicographer can only hope to escape reproach, and even this negative recompense has been yet granted to very few.'

---

^{1} Reptantia is a sub-order of Decapoda (Crustacea); but Decapoda is also a sub-order of Dibranchia (Mollusca).

^{2} This book is certain to contain errors and misprints. I should be most grateful if readers would let me know when they detect them.

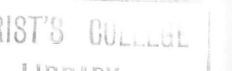

II. SUMMARIZED CLASSIFICATION

THE *approximate* number of described species in each group is given in the second column. Numbers followed by an asterisk differ greatly from those given by Mayr, Linsley & Usinger (1953).

Phylum PROTOZOA	30,000	*page* 6
MESOZOA	50	9
PORIFERA	4,200	10
CNIDARIA	9,600	12
CTENOPHORA	80	13
PLATYHELMINTHES	15,000*	13
NEMERTINA	550	17
ASCHELMINTHES		
Class Rotifera	1,500	17
Gastrotricha	140	18
Echinoderida	100	18
Priapulida	5	18
Nematomorpha	250	18
Nematoda	10,000	18
Phylum ACANTHOCEPHALA	300	20
ENTOPROCTA	60	21
POLYZOA	4,000	21
PHORONIDA	15*	21
BRACHIOPODA	260	21
MOLLUSCA	100,000*	22
SIPUNCULA	275	24
ECHIURA	80	24
ANNELIDA	7,000	25
ARTHROPODA		
Class Onychophora	73	25
Pauropoda		25
Diplopoda	9,400	25
Chilopoda		26
Symphyla		26
Insecta	700,000	26
Crustacea	26,500	30
Merostomata	4	32
Arachnida	30,000	32
Pycnogonida	440	33
Pentastomida	60	33
Tardigrada	280	33
Phylum CHAETOGNATHA	50*	33
POGONOPHORA	43*	33
ECHINODERMATA	5,700	34
CHORDATA		
Sub-phylum Hemichordata	91	35
Urochordata	1,600	36
Cephalochordata	13	36

SUMMARIZED CLASSIFICATION

Phylum CHORDATA
Sub-phylum Vertebrata

Class	Species	Page
Marsipobranchii		36
Selachii	23,000	37
Bradyodonti		37
Pisces		37
Amphibia	2,000	41
Reptilia	5,000	42
Aves	8,590	43
Mammalia	4,500	45

III. CLASSIFICATION OF LIVING ANIMALS

Phylum **PROTOZOA**

Class MASTIGOPHORA
(=FLAGELLATA)

Sub-class PHYTOMASTIGINA
(=PHYTOFLAGELLATA)

Order PHYTOMONADINA
(=VOLVOCINA)
Carteria; Chlorogonium; Chlamydomonas; Haematococcus; Eudorina; Pandorina; Volvox; Polytoma; Polytomella; Spondylomorum

Order XANTHOMONADINA
Chloramoeba; Myxochloris; Rhizochloris

Order CHLOROMONADINA
Gonyostomum; Vacuolaria

Order EUGLENOIDINA
Euglena; Trachelomonas; Phacus; Peranema

Order CRYPTOMONADINA
Chilomonas; Cryptomonas; Cyathomonas

Order DINOFLAGELLATA
(=PERIDINEAE)
Haplodinium; Blastodinium; Ceratium; Dinamoebidium; Gymnodinium; Noctiluca; Peridinium; Gonyaulax; Oxyrrhis

Order EBRIIDEAE
(=EBRIACEAE)
Ebria; Hermesinum

Order SILICOFLAGELLATA
Dictyocha

Order COCCOLITHOPHORIDA
Calyptrosphaera; Acanthosolenia

Order CHRYSOMONADINA
Chromulina; Mallomonas; Oicomonas; Uroglena; Chrysamoeba; Dinobryon; Hydrurus; Dendromonas; Ochromonas; Caviomonas

Sub-class ZOOMASTIGINA
(=ZOOFLAGELLATA)

Order PROTOMONADINA
Monosiga; Leptomonas; Crithidia; Leishmania (kala-azar, oriental sore); *Trypanosoma* (sleeping-sickness, nagana, etc.); *Schizotrypanum* (Chagas' disease, etc.); *Bodo; Monas; Phytomonas*

Order METAMONADINA

(=POLYMASTIGINA + HYPERMASTIGINA)

Enteromonas; Monocercomonas (=*Eutrichomastix*); *Hexamastix; Devescovina; Trichomonas; Embadomonas* (=*Retortamonas*); *Chilomastix; Lophomonas; Trimastix; Trichonympha; Oxymonas*

Order DISTOMATINA

(=DIPLOMONADIDA)

Hexamita; Giardia; Octomitus; Trepomonas

Order OPALININA

Cepedea; Opalina; Zelleriella; Protoopalina

Class RHIZOPODA

(=SARCODINA)

Order RHIZOMASTIGINA

(=PANTOSTOMATIDA)

Mastigamoeba; Histomonas (blackhead of poultry); *Dientamoeba*

Order AMOEBINA

Amoeba; Chaos; Vahlkampfia; Endamoeba; Entamoeba (amoebic dysentery); *Endolimax; Iodamoeba; Naegleria; Leptomyxa*

Order TESTACEA

Arcella; Centropyxis; Cochliopodium; Difflugia; Nebela; Penardia; Assulina; Chlamydophrys; Euglypha; Gromia; Arachnula; Biomyxa; Allogromia; Microgromia; Cyphoderia

Order FORAMINIFERA

Discorbis; Elphidium (=*Polystomella*); *Globigerina; Cornuspira; Peneroplis; Textularia; Nummulites; Planorbulina; Rotalia; Miliola*

Order MYCETOZOA

Physarum; Dictyostelium; Ceratiomyxa; Stemonitis; Comatricha

Class ACTINOPODA

Order RADIOLARIA

Acanthometra; Sphaerocapsa; Acanthosphaera; Collozoum; Sphaerozoum; Thalassicola; Aulacantha; Coelodendrum

Order HELIOZOA

Actinophrys; Actinosphaerium; Actinolophus; Astrodisculus; Acanthocystis; Raphidiophrys; Actinomonas; Vampyrella; Clathrulina; Hedriocystis; Monomastigocystis

Class SPOROZOA

(=TELOSPORIDIA)

Sub-class GREGARINOMORPHA

Order ARCHIGREGARINA

Merogregarina; Selenidium; Selenocystis

Order EUGREGARINA

Gonospora; Gregarina; Lecudina; Monocystis; Porospora; Stylocephalus; Rhynchocystis

Order SCHIZOGREGARINA

Caulleryella; Lipotropha; Machadoella; Ophryocystis; Schizocystis; Syncystis

Sub-class COCCIDIOMORPHA

Order PROCOCCIDIA

Selenococcidium

Order EUCOCCIDIA

Sub-order ADELEIDEA

Adelina; Klossia; Karyolysus; Hepatozoon; Haemogregarina; Lankesterella (=*Atoxoplasma*)

Sub-order EIMERIIDEA

Cyclospora; Isospora; Eimeria (=*Coccidium*); *Globidium; Merocystis; Dorisiella*

Sub-order HAEMOSPORIDIA

Haemoproteus; Leucocytozoon; Plasmodium (malaria)

SPOROZOA whose systematic positions are uncertain:

Toxoplasma (toxoplasmosis); *Sarcocystis* (sarcosporidiosis); *Helicosporidium; Pneumocystis; Babesia* (=*Piroplasma*) (Texas cattle fever, etc.); *Theileria* (African East Coast cattle fever)

Class CNIDOSPORIDIA

(=NEMATOCYSTIDA, NEOSPORIDIA, AMOEBOSPORIDIA)

Order MYXOSPORIDIA

Ceratomyxa; Leptotheca; Chloromyxum; Sphaerospora; Coccomyxa; Henneguya; Myxidium; Myxobolus; Myxosoma

Order MICROSPORIDIA

Nosema; Glugea; Thelohania; Plistophora; Mrazekia; Telomyxa

Order ACTINOMYXIDIA

Guyenotia; Tetractinomyxon

Order HAPLOSPORIDIA

Haplosporidium

Class CILIATA

(=CILIOPHORA)

Sub-class HOLOTRICHA

Order GYMNOSTOMATIDA

Sub-order RHABDOPHORINA

Holophrya; Amphileptus; Dileptus; Prorodon

Sub-order CYRTOPHORINA

Chilodonella; Nassula; Chlamydodon

Order SUCTORIDA

(=ACINETA, TENTACULIFERA)

Podophrya; Acineta; Allantosoma; Ophryodendron

Order CHONOTRICHIDA

Spirochona; Chilodochona; Stylochona

Order TRICHOSTOMATIDA

Coelosomides; Tillina; Colpoda; Balantidium (dysentery); *Plagiopyla; Isotricha*

Order HYMENOSTOMATIDA

Sub-order TETRAHYMENINA

Tetrahymena; Glaucoma; Ichthyophthirius

Sub-order PENICULINA

Frontonia; Paramecium (slipper animalcule); *Urocentrum; Disematostoma*

Sub-order PLEURONEMATINA
Pleuronema; Cyclidium
Order **ASTOMATIDA**
(=ANOPLOPHRYINEA)
Anoplophrya; Radiophrya; Haptophrya
Order **APOSTOMATIDA**
Foettingeria; Gymnodinioides; Ophiuraespira; Spirophrya
Order **THIGMOTRICHIDA**
Thigmophrya; Conchophthirus (=*Kidderia*);
Ancistrum; Boveria; Ancistrocoma; Hypocomella
Order **PERITRICHIDA**
(=STOMATODA)
Vorticella; Epistylis; Zoothamnium; Trichodina; Urceolaria; Ophrydium; Carchesium

Sub-class **SPIROTRICHA**

Order **HETEROTRICHIDA**
Sub-order HETEROTRICHINA
Climacostomum; Condylostoma; Spirostomum; Stentor; Nyctotherus; Bursaria; Folliculina
Sub-order LICNOPHORINA
Licnophora
Order **OLIGOTRICHIDA**
Strombidium; Halteria
Order **TINTINNIDA**
Tintinnopsis; Tintinnus; Codonella
Order **ENTODINIOMORPHIDA**
Epidinium; Entodinium; Ophryoscolex; Cycloposthium; Spirodinium; Troglodytella
Order **ODONTOSTOMATIDA**
(=CTENOSTOMATIDA^1)
Epalxella (=*Epalxis*); *Saprodinium*
Order **HYPOTRICHIDA**
Diophrys; Euplotes; Oxytricha; Uroleptus; Aspidisca; Kerona

Phylum MESOZOA^2

Order **DICYEMIDA**
(=RHOMBOZOA)
Dicyema; Microcyema; Conocyema
Order **ORTHONECTIDA**
Rhopalura; Stoecharthrum; Pelmatosphaera

---

^{1} See Gymnolaemata, p. 21.

^{2} Members of this phylum are often considered to be degenerate members of phylum Platyhelminthes, pp. 13–15.

Phylum **PORIFERA** (=Parazoa, Spongiida) (sponges)^1

Sub-phylum NUDA^2

Class **HEXACTINELLIDA** (glass sponges)

Sub-class AMPHIDISCOPHORA

Order AMPHIDISCOSA

Hyalonema; Pheronema; Monorhaphis

Sub-class HEXASTEROPHORA

Order HEXACTINOSA

Aphrocallistes; Farrea

Order LYCHNISCOSA

Aulocystis; Dactylocalyx

Order LYSSACINOSA

Asconema; Euplectella (Venus's flower basket)

Sub-phylum GELATINOSA

Class CALCAREA

Sub-class CALCINEA

Order CLATHRINIDA

Clathrina; Dendya

Order LEUCETTIDA

Leucascus; Leucetta

Sub-class CALCARONEA

Order LEUCOSOLENIIDA

Leucosolenia; Ascyssa

Order SYCETTIDA

Scypha (=*Sycon*); *Grantia; Leucilla*

Sub-class PHARETRONIDA

Minchinella; Petrobiona

Class DEMOSPONGIAE

Sub-class TETRACTINOMORPHA

Order HOMOSCLEROPHORIDA

Oscarella; Plakina

Order CHORISTIDA

Stelletta; Geodia; Tetilla; Chondrosia; Thrombus; Thenea

Order LITHISTIDA

Discodermia; Azorica; Corallistes

Order CLAVAXINELLIDA

Tethya; Cliona; Suberites; Spheciospongia (loggerhead sponge)

Sub-class CERACTINOMORPHA

Order KERATOSA (horny sponges)

Sub-order Dendroceratida

Halisarca; Aplysilla; Hexadella; Bajulus

Sub-order Dictyoceratida

Spongia (=*Euspongia*) (bath sponge); *Ircinia* (=*Hircinia*); *Verongia* (=*Aplysina*)

---

^{1} By Hartman.

^{2} Sometimes considered as a phylum, in which case phylum Porifera becomes a sub-kingdom. Nuda also occurs in phylum Ctenophora, p. 13.

Order **HAPLOSCLERIDA**
Haliclona (=*Chalina*); *Spongilla* (=*Euspongilla*)

Order **POECILOSCLERIDA**
Myxilla; Microciona; Esperiopsis; Cladorhiza

Order **HALICHONDRIDA**
Halichondria; Hymeniacidon

ALTERNATIVE CLASSIFICATION^1

Phylum **PARAZOA** (=PORIFERA, SPONGIIDA) (sponges)

Class NUDA^2

Order **HEXACTINELLIDA** (glass sponges)
Sub-order HEXASTEROPHORA
Euplectella (Venus's flower basket); *Farrea;*
Aphrocallistes; Aulocystis; Dactylocalyx; Asconema
Sub-order AMPHIDISCOPHORA
Hyalonema; Pheronema; Monorhaphis

Class GELATINOSA^3

Order **CALCAREA**
Sub-order HOMOCOELA
Leucosolenia; Clathrina; Dendya; Ascyssa
Sub-order HETEROCOELA
Leucilla; Scypha (=*Sycon*); *Grantia; Leucascus;*
Leucetta; Minchinella; Petrobiona

Order **TETRAXONIDA**
Sub-order HOMOSCLEROPHORA
(≑ CARNOSA, MICROSCLEROPHORA)
Plakina; Oscarella; Bajulus; Hexadella; Thrombus
Sub-order STREPTASTROSCLEROPHORA
Thenea
Sub-order ASTROSCLEROPHORA
Stelletta; Tethya; Chondrosia; Geodia; Tetilla;
Cliona; Spheciospongia (loggerhead sponge);
Suberites; Discodermia; Azorica; Corallistes
Sub-order SIGMATOSCLEROPHORA
Myxilla; Halichondria; Haliclona (=*Chalina*);
Microciona; Esperiopsis; Cladorhiza; Spongilla
(=*Euspongilla*); *Hymeniacidon*

Order **KERATOSA** (horny sponges)
Spongia (=*Euspongia*) (bath sponge); *Halisarca;*
Ircinia (=*Hircinia*); *Verongia* (=*Aplysina*);
Aplysilla

---

^{1} By Burton.

^{2} Sometimes considered as a phylum, in which case phylum Parazoa becomes a sub-kingdom. Class Nuda also occurs in phylum Ctenophora, p. 13.

^{3} Sometimes considered as a phylum, in which case phylum Parazoa becomes a sub-kingdom.

Phylum **CNIDARIA** (=Coelenterata – Ctenophora)

Class HYDROZOA (hydroids, medusae)

(=Hydromedusae)

Order **ATHECATA**

(=Gymnoblastea, Anthomedusae)

Hydra; Tubularia; Sarsia; Coryne; Velella (by-the-wind-sailor); *Millepora; Hydractinia; Bougainvillia; Stylaster; Spirocodon; Chlorohydra*

Order **THECATA**

(=Calyptoblastea, Leptomedusae)

Phialidium; Obelia; Aequorea; Halecium; Sertularia; Plumularia; Amphisbetia; Eutonina

Order **LIMNOMEDUSAE**

Gonionemus; Craspedacusta; Olindias; Limnocnida

Order **TRACHYMEDUSAE**

Geryonia (=*Carmarina*); *Liriope; Aglantha*

Order **NARCOMEDUSAE**

Solmissus; Aegina; Cunina; Solmundella

Order **SIPHONOPHORA**

Physalia (Portuguese man-of-war); *Halistemma; Lensia; Muggiaea; Agalma; Vogtia*

Order **ACTINULIDA**

Halammohydra; Otohydra

Class SCYPHOZOA (jelly fish)

(=Scyphomedusae)

Order **STAUROMEDUSAE**

Lucernaria; Haliclystus

Order **CUBOMEDUSAE**

Carybdea; Chirodropus; Chiropsalmus

Order **CORONATAE**

Atolla; Linuche; Nausithoe; Periphylla

Order **SEMAEOSTOMAE**

Pelagia; Chrysaora; Cyanea; Aurelia (=*Aurellia*); *Dactylometra*

Order **RHIZOSTOMAE**

Cassiopea; Rhizostoma; Cotylorhiza; Mastigias

Class ANTHOZOA

Sub-class **CERIANTIPATHARIA**

Order **ANTIPATHARIA** (black corals)

Antipathes

Order **CERIANTHARIA**

Cerianthus; Pachycerianthus

Sub-class **OCTOCORALLIA** (soft corals)

Order **ALCYONACEA**

Alcyonium (dead men's fingers); *Heteroxenia*

Order **GORGONACEA**

Eunicella, Antillogorgia (sea fans); *Gorgonia*

Order **PENNATULACEA**

Pennatula (sea pen); *Virgularia; Renilla*

Sub-class ZOANTHARIA

Order ZOANTHINIARIA (zoanthids)
Zoanthus; Epizoanthus; Palythoa
Order CORALLIMORPHARIA
Corynactis
Order ACTINIARIA (sea anemones)
Anemonia (= *Anthea*); *Actinia; Tealia; Metridium*
(= *Actinoloba*); *Calliactis; Adamsia; Peacbia*
Order PTYCHODACTIARIA
Ptychodactis
Order SCLERACTINIA (true corals, stony corals)
Fungia; Porites; Acropora (= *Madrepora*);
Caryophyllia; Meandrina; Lophelia; Siderastrea

Phylum CTENOPHORA

(= COELENTERATA – CNIDARIA) (sea gooseberries)

Class TENTACULATA

Order CYDIPPIDA
Pleurobrachia (sea gooseberry); *Hormiphora*
Order LOBATA
Leucothea (= *Eucharis*); *Bolinopsis* (= *Bolina*);
Mnemiopsis (comb jelly)
Order CESTIDA
(= CESTOIDEA)
Cestum (= *Cestus*) (Venus's girdle); *Velamen*
(= *Vexillum, Folia*)
Order PLATYCTENEA
(= CTENOPLANA)
Ctenoplana; Coeloplana; Tjalfiella; Gastrodes

Class NUDA^1

Order BEROIDA
Beroe

Phylum PLATYHELMINTHES (flatworms)^2

Class TURBELLARIA (turbellarians)

Order ACOELA^3
Aphanostoma; Convoluta; Amphiscolops
Order RHABDOCOELA
*Catenula; Macrostomum; Dalyellia; Gyratrix;
Paravortex; Gnathostomula; Gnathostomaria*
Order ALLOEOCOELA
*Hofstenia; Plagiostomum; Otomesostoma;
Monocelis; Monotoplana; Polystyliphora*

---

^{1} See Porifera, p. 10. ^{2} By Baer. ^{3} See Opisthobranchia, p. 23.

Order TRICLADIDA
Sub-order MARICOLA
Bdelloura; Uteriporus; Procerodes (=*Gunda*)
Sub-order PALUDICOLA
Planaria; Dugesia (=*Euplanaria*)*; Dendrocoelum*
Sub-order TERRICOLA
Geoplana; Rhynchodemus; Bipalium; Microplana
Order POLYCLADIDA
Sub-order ACOTYLEA
Stylochus; Notoplana; Cestoplana; Ceratoplana
Sub-order COTYLEA
Thysanozoon; Eurylepta; Prosthiostomum

Class TEMNOCEPHALOIDEA

Order TEMNOCEPHALIDEA
(=DACTYLIFERA, DACTYLODA)
Temnocephala

Class MONOGENEA
(=HETEROCOTYLEA)

Sub-class MONOPISTHOCOTYLEA

Order CAPSALOIDEA
Tristoma; Capsala; Gyrodactylus
Order UDONELLOIDEA
Udonella
Order GYRODACTYLOIDEA
Dactylogyrus
Order ACANTHOCOTYLOIDEA
Acanthocotyle
Order PROTOGYRODACTYLOIDEA
Protogyrodactylus

Sub-class POLYOPISTHOCOTYLEA

Order CHIMAEROCOLOIDEA
Callorhynchicola
Order DICLIDOPHOROIDEA
Diplozoon; Hexostoma; Mazocraes; Microcotyle; Gastrocotyle; Diclidophora; Discocotyle
Order DICLYBOTHRIOIDEA
Diclybothrium
Order POLYSTOMATOIDEA
Polystoma; Hexabothrium

Class CESTODARIA

Order AMPHILINIDEA
Amphilina
Order GYROCOTYLIDEA
Gyrocotyle

Class CESTODA (tapeworms)

Sub-class DIDESMIDA

Order PSEUDOPHYLLIDEA
(=BOTHRIOCEPHALOIDEA)
Diphyllobothrium (= *Dibothriocephalus*)*; Ligula; Schistocephalus; Caryophyllaeus; Wenyonia*

Sub-class TETRADESMIDA

Order HAPLOBOTHRIOIDEA
Haplobothrium

Order **TETRARHYNCHOIDEA**
(=TRYPANORHYNCHA)
Tetrarhynchus; Floriceps; Tentacularia; Grillotia; Hepatoxylon; Aporhynchus; Lacistorhynchus
Order **DIPHYLLIDEA**
Echinobothrium
Order **TETRAPHYLLIDEA**
(=PHYLLOBOTHRIOIDEA)
Phyllobothrium; Acanthobothrium; Echeneibothrium; Discocephalum
Order **LECANICEPHALOIDEA**
Lecanicephalum; Parataenia
Order **TETRABOTHRIOIDEA**
Tetrabothrius
Order **PROTEOCEPHALOIDEA**
Proteocephalus
Order **NIPPOTAENOIDEA**
Nippotaenia
Order **CYCLOPHYLLIDEA**
(=TAENIOIDEA)
Bertiella; Raillietina; Dipylidium; Hymenolepis; Taenia (=*Cysticercus*); *Echinococcus; Mesocestoides; Moniezia*

Class **TREMATODA** (flukes)

Sub-class **ASPIDOGASTREA**
(=ASPIDOCOTYLEA, ASPIDOBOTHRIA)
Aspidogaster; Macraspis

Sub-class **DIGENEA**
(=MALACOCOTYLEA)
Schistosoma (=*Bilharzia*); *Bilharziella; Fasciola* (=*Distoma, Distomum*), *Dicrocoelium* (liver flukes, cattle & sheep); *Parorchis; Paragonimus* (lung fluke); *Bucephalus; Clonorchis* (Chinese liver fluke disease); *Heterophyes; Paramphistomum* (cattle rumen fluke); *Strigea; Diplostomum; Echinostoma*

ALTERNATIVE CLASSIFICATION^1

Phylum **PLATYHELMINTHES** (flatworms)

Class **TURBELLARIA** (turbellarians)

Order **ACOELA**
Aphanostoma; Convoluta; Amphiscolops
Order **RHABDOCOELA**
Catenula; Macrostomum; Dalyellia; Gyratrix; Temnocephala; Paravortex; Gnathostomula; Gnathostomaria
Order **ALLOEOCOELA**
Hofstenia; Plagiostomum; Otomesostoma; Monocelis; Monotoplana; Polystyliphora

---

^{1} By Dawes.

(PLATYHELMINTHES)

Order **TRICLADIDA**
Sub-order MARICOLA
Bdelloura; Uteriporus; Procerodes (=*Gunda*)
Sub-order PALUDICOLA
Planaria; Dugesia (=*Euplanaria*); *Dendrocoelum*
Sub-order TERRICOLA
Geoplana; Rhynchodemus; Bipalium; Microplana
Order **POLYCLADIDA**
Sub-order ACOTYLEA
Stylochus; Notoplana; Cestoplana; Ceratoplana
Sub-order COTYLEA
Thysanozoon; Eurylepta; Prosthiostomum

Class **TREMATODA** (flukes)

Order **MONOGENEA**
(=HETEROCOTYLEA)
Sub-order MONOPISTHOCOTYLEA
Gyrodactylus; Dactylogyrus; Protogyrodactylus; Udonella; Tristoma; Capsala; Acanthocotyle
Sub-order POLYOPISTHOCOTYLEA
Hexabothrium; Polystoma; Mazocraes; Discocotyle; Diclybothrium; Microcotyle; Gastrocotyle; Callorhynchicola; Diclidophora; Hexostoma; Diplozoon
Order **ASPIDOGASTREA**
(=ASPIDOCOTYLEA, ASPIDOBOTHRIA)
Aspidogaster; Macraspis
Order **DIGENEA**
(=MALACOCOTYLEA)
Sub-order GASTEROSTOMATA
Bucephalus
Sub-order PROSOSTOMATA
Dicrocoelium, Fasciola (=*Distoma, Distomum*) (liver flukes, cattle & sheep); *Clonorchis* (Chinese liver fluke disease); *Heterophyes; Paragonimus* (lung fluke); *Paramphistomum* (cattle rumen fluke); *Strigea; Diplostomum; Echinostoma; Parorchis; Schistosoma* (=*Bilharzia*); *Bilharziella*

Class **CESTODA** (tapeworms)

Sub-class **CESTODARIA**

Order **AMPHILINIDEA**
Amphilina
Order **GYROCOTYLIDEA**
Gyrocotyle

Sub-class **EUCESTODA**

Order **PROTEOCEPHALA**
Proteocephalus
Order **TETRAPHYLLIDEA**
(=PHYLLOBOTHRIOIDEA)
Phyllobothrium; Acanthobothrium; Echeneibothrium
Order **LECANICEPHALA**
Parataenia; Lecanicephalum
Order **DISCULICEPITIDEA**
Discocephalum

Order DIPHYLLIDEA
Echinobothrium
Order TRYPANORHYNCHA
(= TETRARHYNCHOIDEA)
Tetrarhynchus; Floriceps; Tentacularia; Grillotia; Hepatoxylon; Aporhynchus; Lacistorhynchus
Order CYCLOPHYLLIDEA
(= TAENIOIDEA)
Bertiella; Raillietina; Dipylidium; Hymenolepis; Taenia (= *Cysticercus*); *Echinococcus; Mesocestoides; Tetrabothrius; Moniezia*
Order CARYOPHYLLIDEA
Wenyonia; Caryophyllaeus
Order NIPPOTAENIIDEA
Nippotaenia
Order PSEUDOPHYLLIDEA
Ligula; Diphyllobothrium (= *Dibothriocephalus*); *Schistocephalus; Haplobothrium*

Phylum NEMERTINA (= RHYNCHOCOELA) (ribbon worms)

Class ANOPLA

Order PALAEONEMERTINA
(= MESONEMERTINA)
Cephalothrix; Tubulanus; Callinera; Hubrechtia
Order HETERONEMERTINA
Cerebratulus; Lineus (boot-lace worm); *Parapolia*

Class ENOPLA

Order HOPLONEMERTINA
Sub-order MONOSTYLIFERA
Carcinonemertes; Amphiporus; Tetrastemma; Geonemertes; Sibogonemertes; Ototyphlonemertes
Sub-order POLYSTYLIFERA
Drepanophorus; Pelagonemertes; Nectonemertes
Order BDELLONEMERTINA
(= BDELLOMORPHA)
Malacobdella

Phylum ASCHELMINTHES^1

Class ROTIFERA (wheel animalcules)
(= ROTATORIA)
Order SEISONIDEA
Seison
Order BDELLOIDEA
Habrotrocha; Philodina; Rotaria (= *Rotifer*); *Adineta; Philodinavus* (= *Microdina*)

---

^{1} Nemathelminthes, sometimes used as a synonym for Aschelminthes, only applies to Nematomorpha and Nematoda.

Order **MONOGONONTA**

Sub-order PLOIMA

Brachionus; Keratella (=*Anuraea*); *Epiphanes* (=*Hydatina*); *Euchlanis; Lepadella* (=*Metopidia*); *Lecane* (=*Cathypna, Distyla*); *Monostyla; Notommata; Asplanchna; Cephalodella* (=*Diaschiza*)

Sub-order FLOSCULIARIACEA

Testudinella (=*Pterodina*); *Filinia* (=*Triarthra*); *Hexarthra* (=*Pedalia, Pedalion*); *Trochosphaera; Floscularia* (=*Melicerta*); *Conochilus*

Sub-order COLLOTHECACEA

Collotheca (=*Floscularia*); *Stephanoceros*

Class GASTROTRICHA

Order **MACRODASYOIDEA**

Cephalodasys

Order **CHAETONOTOIDEA**

Neodasys; Chaetonotus; Lepidodermella

Class ECHINODERIDA

(=KINORHYNCHA)

Centroderes; Echinoderes; Pycnophyes

Class PRIAPULIDA^1

Priapulus; Halicryptus

Class NEMATOMORPHA (horse-hair worms)

(=GORDIACEA)

Order **NECTONEMATOIDEA**

Nectonema

Order **GORDIOIDEA**

Chordodes; Gordius

Class NEMATODA (roundworms)^2

(=NEMATA)

Sub-class **PHASMIDIA**

Order **RHABDITIDA**

Sub-order RHABDITINA

Rhabditis; Diplogaster; Cephalobus; Panagrellus (sour paste eelworm); *Turbatrix* (vinegar eelworm); *Rhabdias* (lung nematode); *Strongyloides*

Sub-order STRONGYLINA

Strongylus (=*Sclerostomum*); *Oesophagostomum* (nodular worm); *Ancylostoma, Necator* (hookworms); *Syngamus* (gape worm); *Haemonchus, Cooperia, Ostertagia* (trichostrongyles); *Metastrongylus, Dictyocaulus, Muellerius* (lungworms); *Nippostrongylus; Chabertia; Molineus*

Sub-order ASCARIDINA

Ascaris (large roundworm); *Parascaris* (horse roundworm); *Ascaridia* (poultry roundworm); *Porrocaecum; Heterakis* (poultry caecal worm); *Subulura; Enterobius* (threadworm, pinworm); *Aspiculuris* (mouse threadworm or pinworm)

---

^{1} The Priapulida may equally well be considered as a phylum. They have also been grouped with the Echiura, p. 24 and Sipuncula, p. 24 as Gephyrea.

^{2} By Chitwood & Chitwood (1950) and Thorne (1949).

Order **TYLENCHIDA**

Ditylenchus (stem-and-bulb eelworm); *Anguina* (wheat gall eelworm); *Heterodera* (cyst eelworm); *Meloidogyne* (root-knot eelworm); *Aphelenchoides* (leaf eelworm); *Sphaerularia*

Order **SPIRURIDA**

Dracunculus (guinea worm); *Wuchereria* (filarial worm); *Loa; Onchocerca; Dirofilaria* (dog heart worm); *Setaria; Thelazia* (eye worm); *Gongylonema* (gullet worm); *Habronema* (horse stomach worm); *Gnathostoma; Philometra; Micropleura; Tetrameres* (= *Tropisurus*) (poultry stomach worm)

Sub-class **APHASMIDIA**

Order **CHROMADORIDA**

Plectus; Monhystera; Paracanthonchus; Cylindrolaimus; Desmoscolex

Order **ENOPLIDA**

Sub-order ENOPLINA

Enoplus; Tripyla; Mononchus; Anatonchus

Sub-order DORYLAIMINA

Dorylaimus; Xiphinema; Mermis; Trichuris (= *Trichocephalus*) (whipworm); *Trichinella* (= *Trichina*) (trichina worm); *Capillaria*

Sub-order DIOCTOPHYMATINA

Dioctophyme (dog kidney worm); *Hystrichis*

ALTERNATIVE CLASSIFICATION^1

Class **NEMATODA** (roundworms)

Order **ENOPLOIDEA**

Enoplus; Tripyla; Mononchus; Anatonchus

Order **DORYLAIMOIDEA**

Dorylaimus; Xiphinema

Order **MERMITHOIDEA**

Mermis

Order **CHROMADOROIDEA**

Paracanthonchus

Order **ARAEOLAIMOIDEA**

Plectus

Order **MONHYSTEROIDEA**

Cylindrolaimus; Monhystera

Order **DESMOSCOLECOIDEA**

Desmoscolex

---

^{1} By Hyman (1951*b*).

Order **RHABDITOIDEA**

(=ANGUILLULOIDEA)

Rhabditis; Diplogaster; Panagrellus (sour paste eelworm); *Cephalobus; Turbatrix* (vinegar eelworm); *Heterodera* (cyst eelworm); *Ditylenchus* (stem-and-bulb eelworm); *Anguina* (wheat gall eelworm); *Meloidogyne* (root-knot eelworm); *Aphelenchoides* (leaf eelworm); *Sphaerularia*

Order **RHABDIASOIDEA**

Rhabdias (lung nematode); *Strongyloides*

Order **OXYUROIDEA**

Enterobius (threadworm, pinworm); *Aspiculuris* (mouse threadworm or pinworm)

Order **ASCAROIDEA**

Ascaris (large roundworm); *Parascaris* (horse roundworm); *Ascaridia* (poultry roundworm); *Porrocaecum; Heterakis* (poultry caecal worm); *Subulura*

Order **STRONGYLOIDEA**

Strongylus (=*Sclerostomum*); *Oesophagostomum* (nodular worm); *Ancylostoma, Necator* (hookworms); *Syngamus* (gape worm); *Metastrongylus, Dictyocaulus, Muellerius* (lungworms); *Haemonchus, Cooperia, Ostertagia* (trichostrongyles); *Nippostrongylus; Chabertia; Molineus*

Order **SPIRUROIDEA**

Thelazia (eye worm); *Gongylonema* (gullet worm); *Habronema* (horse stomach worm); *Gnathostoma; Tetrameres* (poultry stomach worm)

Order **DRACUNCULOIDEA**

Dracunculus (guinea worm); *Philometra; Micropleura*

Order **FILARIOIDEA**

Setaria; Wuchereria (filarial worm); *Loa; Onchocerca; Dirofilaria* (dog heart worm)

Order **TRICHUROIDEA**

(=TRICHINELLOIDEA)

Trichuris (=*Trichocephalus*) (whipworm); *Capillaria; Trichinella* (=*Trichina*) (trichina worm)

Order **DIOCTOPHYMOIDEA**

Dioctophyme (dog kidney worm); *Hystrichis*

Phylum **ACANTHOCEPHALA** (thorny-headed worms)

Order **ARCHIACANTHOCEPHALA**

Macracanthorhynchus; Gigantorhynchus; Oncicola; Moniliformis; Apororhynchus; Prosthenorchis

Order **PALAEACANTHOCEPHALA**

Polymorphus; Filicollis; Gorgorhynchus; Echinorhynchus; Cavisoma; Telosentis

Order **EOACANTHOCEPHALA**

Quadrigyrus; Neoechinorhynchus; Octospinifer

Phylum **ENTOPROCTA**

(=ENDOPROCTA, CALYSSOZOA, KAMPTOZOA, POLYZOA ENDOPROCTA, POLYZOA ENTOPROCTA)

Family **LOXOSOMATIDAE**

Loxosoma; Loxocalyx; Loxosomella

Family **PEDICELLINIDAE**

Pedicellina; Myosoma; Barentsia

Family **URNATELLIDAE**

Urnatella

Phylum **POLYZOA**

(=BRYOZOA, POLYZOA ECTOPROCTA, ECTOPROCTA)

Class PHYLACTOLAEMATA

(=LOPHOPODA)   *Cristatella; Plumatella* (=*Alcyonella*); *Lophopus*

Class GYMNOLAEMATA

(=STELMATOPODA)   Order CYCLOSTOMATA^1

(=STENOLAEMATA, STENOSTOMATA, – TREPOSTOMATA^2)

Crisia; Diplosolen; Hornera; Lichenopora; Tubulipora; Berenicea; Idmonea

(=Eurystomata) { Order **CHEILOSTOMATA**

Bugula; Caberea; Cryptosula; Flustra; Membranipora; Schizoporella; Scrupocellaria

Order **CTENOSTOMATA**^{3}

Alcyonidium; Bowerbankia; Triticella

Phylum **PHORONIDA**

Phoronis; Phoronopsis

Phylum **BRACHIOPODA**

Class INARTICULATA

Order **ATREMATA**

Lingula; Glottidia

Order **NEOTREMATA**

Crania; Discinisca; Pelagodiscus

---

^{1} See Marsipobranchii, p. 36.

^{2} The Trepostomata are extinct.

^{3} See Odontostomatida, p. 9.

Class ARTICULATA^1

Sub-order THECIDEOIDEA
Lacazella; Thecidellina
Sub-order RHYNCHONELLOIDEA
Hemithyris; Cryptopora; Tegulorhynchia
Sub-order TEREBRATULOIDEA
Gryphus; Terebratulina; Cancellothyris
Sub-order TEREBRATELLOIDEA
Argyrotheca; Dallina; Terebratella; Magellania; Megathyris; Platidia; Kraussina; Laqueus

---

Phylum MOLLUSCA

Class POLYPLACOPHORA^2
(=LORICATA, PLACOPHORA)

Order LEPIDOPLEURIDA
Lepidopleurus
Order CHITONIDA
Chiton, Tonicella (coat of mail shells); *Cryptochiton; Lepidochitona* (=*Lepidochiton*)

Class APLACOPHORA$^{2, 3}$
(=SOLENOGASTRES)

Order NEOMENIOMORPHA
Neomenia; Proneomenia
Order CHAETODERMOMORPHA
Chaetoderma

Class MONOPLACOPHORA

Order TRYBLIDIOIDEA
Neopilina

Class GASTROPODA

Sub-class PROSOBRANCHIA
(=STREPTONEURA)

Order ARCHAEOGASTROPODA
(=DIOTOCARDIA, ASPIDOBRANCHIA)
Acmaea (limpet); *Megathura* (keyhole limpet); *Haliotis* (ear-shell, ormer, abalone); *Patella* (limpet); *Nerita; Mikadotrochus; Trochus* (top-shell)
Order MESOGASTROPODA
(=MONOTOCARDIA, PECTINIBRANCHIA, −STENOGLOSSA)
Littorina (periwinkle); *Strombus, Natica* (necklace-shells); *Cypraea* (cowrie); *Carinaria; Viviparus* (=*Paludina*) (river-snail); *Aporrhais* (pelican's foot-shell); *Crepidula* (slipper limpet); *Charonia* (=*Tritonia*) (trumpet-shell); *Cassis* (helmet-shell); *Pterotrachea; Bulimus* (=*Bithynia*)

---

^{1} The Articulata (see also Crinoidea, p. 34) used to be divided into two orders, Protremata and Telotremata. These overlap and have therefore been discarded. They have not so far been replaced, though the ordinal classification of the Articulata is under review.

^{2} These two classes are sometimes grouped together as Amphineura.

^{3} Some authorities do not consider that the Aplacophora belong to the Mollusca.

MOLLUSCA

Order **STENOGLOSSA**

(=NEOGASTROPODA; MONOTOCARDIA, PECTINIBRANCHIA, – MESOGASTROPODA)^1

Buccinum (whelk); *Busycon* (American whelk); *Nassarius* (=*Nassa*), *Ilyanassa* (dog-whelks); *Murex, Ocenebra* (sting-winkles); *Terebra, Conus* (cone shells); *Alectrion*

Sub-class OPISTHOBRANCHIA

(=EUTHYNEURA, in part)

Order **PLEUROCOELA**

(=TECTIBRANCHIA)

Acteon; Aplysia (sea-hare); *Bulla, Haminea* (bubble shells)

Order **PTEROPODA**

Cavolina, Spiratella (=*Limacina*) (sea-butterflies)

Order **SACOGLOSSA** (sea-slugs)

(=ASCOGLOSSA)

Elysia; Limapontia; Caliphylla; Hermaea

Order **ACOELA**^{2}

Sub-order NOTASPIDEA

Umbraculum; Pleurobranchus (sea-slug)

Sub-order NUDIBRANCHIA

Onchidoris; Glaucus; Armina (=*Pleurophyllidia*); *Doris* (sea-lemon); *Aeolidia* (=*Eolis*) (sea-slug)

Sub-class PULMONATA

(=EUTHYNEURA, in part)

Order **BASOMMATOPHORA**

Lymnaea (=*Limnaea*) (pond snail); *Planorbis* (ram's horn snail); *Ancylus, Ancylastrum* (freshwater limpets)

Order **STYLOMMATOPHORA**

Helix (land snail); *Testacella* (shell-bearing slug); *Limax, Arion* (land-slugs); *Helicella* (sheep-snail)

Class SCAPHOPODA (tusk shells)

Cadulus; Dentalium; Siphonodentalium

Class BIVALVIA

(=LAMELLIBRANCHIA, PELECYPODA)

Order **PROTOBRANCHIA**

Nucula (nut-shell); *Yoldia; Solemya*

Order **EUTAXODONTA**

(=PRIONODONTA)

Arca (Noah's ark shell); *Cucullaea; Glycymeris* (=*Pectunculus*) (dog-cockle)

Order **ANISOMYARIA**

Anomia (saddle-oyster); *Crassostrea; Lima* (file shell); *Modiolus* (horse-mussel); *Mytilus* (mussel); *Ostrea* (oyster); *Pecten* (scallop); *Pinctada* (pearl-oyster); *Pinna* (fan-mussel); *Pteria* (=*Avicula*); *Spondylus* (thorny oyster)

Order **SCHIZODONTA**

Neotrigonia

---

^{1} i.e. Stenoglossa = Neogastropoda; it also equals Monotocardia *minus* Mesogastropoda, or Pectinibranchia *minus* Mesogastropoda.

^{2} See Turbellaria, p. 13.

Order HETERODONTA

Anodonta (=*Anodon*) (swan-mussel); *Arctica* (=*Cyprina*); *Astarte*; *Cardita* (false-cockle); *Chama*; *Cardium* (cockle); *Dreissena* (zebra-mussel); *Lucina*; *Mactra* (clam); *Margaritifera* (pearl-mussel); *Mulinia*; *Pisidium* (pea-cockle); *Spisula*; *Tellina* (tellin); *Unio* (fresh-water mussel); *Venus*; *Tridacna* (giant clam); *Cumingia*

Order DESMODONTA

Clavagella; *Corbula*; *Ensis*, *Solen* (razor-shells); *Hiatella* (=*Saxicava*); *Laternula* (=*Anatina*); *Mya* (gaper); *Panopea*; *Pholadomya*; *Pholas*, *Barnea* (piddocks); *Teredo* (ship-worm)

Order SEPTIBRANCHIA

Cuspidaria; *Poromya* (gaper)

Class **CEPHALOPODA**

(=SIPHONOPODA)

Order TETRABRANCHIA

Nautilus (pearly-nautilus)

Order DIBRANCHIA

Sub-order DECAPODA^1

Architeuthis, *Alloteuthis*, *Heteroteuthis*, *Loligo* (squids); *Sepia* (=*Eusepia*) (cuttle-fish); *Spirula*

Sub-order VAMPYROMORPHA

Vampyroteuthis (vampire squid)

Sub-order OCTOPODA

Octopus (=*Polypus*) (octopus); *Argonauta* (paper-nautilus); *Eledone* (lesser octopus)

Phylum SIPUNCULA^2

Golfingia (=*Phascolosoma*)^3; *Phascolosoma* (=*Physcosoma*, *Phymosoma*)^3; *Sipunculus*; *Dendrostomum*; *Aspidosiphon*; *Phascolion*; *Xenosiphon*; *Lithacrosiphon*; *Onchnesoma*

Phylum ECHIURA$^{2, 4}$

Order ECHIURIDA

Bonellia; *Echiurus*; *Thalassema*; *Ochetostoma*

Order XENOPNEUSTA

Urechis

Order HETEROMYOTA

Ikeda

---

^{1} See Eucarida, p. 32.

^{2} The Sipuncula and Echiura have also been grouped with the Priapulida, p. 18, as Gephyrea.

^{3} *Golfingia* Lankester=*Phascolosoma* (auct.). *Phascolosoma* F. S. Leuckart=*Physcosoma* Selenka, see Fisher (1950).

^{4} *Poeobius* is sometimes put in this phylum and sometimes in phylum Poeobia. In all probability, however, it is an aberrant polychaete, p. 25.

Phylum ANNELIDA (=ANNULATA)

Class POLYCHAETA^1 — *Amphinome; Aphrodite; Phyllodoce; Tomopteris; Syllis; Nereis; Nephthys; Glycera* (=*Rhynchobolus*)*; Eunice; Scoloplos; Polydora; Magelona; Chaetopterus; Ophelia; Arenicola* (lugworm); *Cirratulus; Capitella; Maldane; Owenia; Pectinaria; Ampharete; Terebella; Sabella* (=*Spirographis*) (peacock fan worm); *Serpula*

Class MYZOSTOMARIA — *Myzostoma*

Class OLIGOCHAETA^2 — *Tubifex; Clitellio; Stylaria; Chaetogaster; Enchytraeus* (white worm); *Peloscolex; Lumbricus, Pheretima, Allolobophora, Eisenia* (earthworms)

Class HIRUDINEA (leeches)

Order **ACANTHOBDELLIDA** — *Acanthobdella*

Order **RHYNCHOBDELLIDA** — *Glossiphonia; Helobdella; Piscicola; Pontobdella; Branchellion; Hemiclepsis; Placobdella*

Order **GNATHOBDELLIDA** — *Hirudo; Haemopis* (=*Aulastoma*); *Macrobdella; Haemadipsa; Erpobdella* (=*Herpobdella, Nephelis*)*; Trocheta* (amphibious leech); *Dina*

Class ARCHIANNELIDA — *Saccocirrus; Dinophilus; Polygordius; Protodrilus; Nerilla*

Phylum ARTHROPODA

Class ONYCHOPHORA — *Peripatus; Peripatopsis; Opisthopatus*

Class PAUROPODA — *Pauropus; Eurypauropus*

Class DIPLOPODA (millipedes)

Sub-class PSELAPHOGNATHA

Order **POLYXENIDA** (=SCHIZOCEPHALA, PENICILLATA) — *Polyxenus; Lophoproctus*

---

^{1} The Polychaeta, for which no acceptable ordinal classification exists, are sometimes divided for convenience into sub-classes Errantia (the first nine genera) and Sedentaria (the last fifteen genera).

^{2} No satisfactory ordinal classification is available for the Oligochaeta, though the first six genera are sometimes assigned to order Limicolae and the last four to order Terricolae.

Sub-class CHILOGNATHA

Super-order PENTAZONIA

(=OPISTHANDRIA)

Order GLOMERIDA

(=ONISCOMORPHA)

Glomeris; Sphaerotherium; Castanotherium

Order GLOMERIDESMIDA

(=LIMACOMORPHA)

Glomeridesmus

Super-order HELMINTHOMORPHA

(=EUGNATHA, PROTERANDRIA)

Order CHORDEUMIDA

(=NEMATOPHORA)

Chordeuma; Microchordeuma; Callipus; Stemmiulus

Order POLYDESMIDA

Polydesmus; Oxidus; Platyrrhacus; Orthomorpha

(=Juliformia) { Order JULIDA

Julus; Blaniulus; Cylindroiulus; Pachyiulus

Order SPIROBOLIDA

Spirobolus; Trigoniulus; Rhinocricus; Pachybolus

Order SPIROSTREPTIDA

Spirostreptus; Odontopyge; Scaphiostreptus; Thyropygus; Helicochetus; Phyllogonostreptus

Order CAMBALIDA

Cambala; Cambalopsis; Cambalomorpha

Super-order COLOBOGNATHA

Siphoniulus; Platydesmus; Dolistenus

Class CHILOPODA (centipedes)

Sub-class EPIMORPHA

Order GEOPHILOMORPHA

Geophilus; Mecistocephalus; Himantarium; Orya

Order SCOLOPENDROMORPHA

Plutonium; Scolopendra; Ethmostigmus; Cryptops

Sub-class ANAMORPHA

Order LITHOBIOMORPHA

Sub-order LITHOBIOMORPHARIA

Lithobius; Etholpolys; Henicops

Sub-order CRATEROSTIGMOMORPHARIA

Craterostigmus

Order SCUTIGEROMORPHA

Scutigera

Class SYMPHYLA

Scutigerella; Hanseniella; Symphylella

Class INSECTA

(=HEXAPODA)

Sub-class APTERYGOTA

(=AMETABOLA)

Order COLLEMBOLA (spring-tails)

Sub-order ARTHROPLEONA

Podura; Orchesella; Isotoma; Anurida

Sub-order SYMPHYPLEONA

Sminthurus (lucerne flea); *Neelus*

Order **PROTURA**

(= MYRIENTOMATA)

Eosentomon; Acerentulus

Order **DIPLURA**

(= APTERA)

Campodea; Japyx

Order **THYSANURA** (bristle-tails)

Machilis; Petrobius; Lepisma (silver fish); *Thermobia* (fire brat)

Sub-class PTERYGOTA

(= METABOLA)

Division PALAEOPTERA

(= Exopterygota, Hemimetabola, – [Polyneoptera + Paraneoptera])

Order **EPHEMEROPTERA** (may-flies)

(= PLECTOPTERA)

Ephemera; Baetis; Caenis; Ecdyonurus

Order **ODONATA**

(= PARANEUROPTERA)

Sub-order ZYGOPTERA (damsel flies)

Agrion (= *Calopteryx*); *Coenagrion; Lestes; Enallagma*

Sub-order ANISOZYGOPTERA

Epiophlebia

Sub-order ANISOPTERA (true dragonflies)

Aeshna; Anax; Gomphus; Petalura; Cordulegaster; Libellula; Leucorrhinia; Sympetrum

Division NEOPTERA

Section POLYNEOPTERA

(= Exopterygota, Hemimetabola, – [Paraneoptera + Palaeoptera])

Order **DICTYOPTERA**

Sub-order BLATTODEA (cockroaches)

Blatta; Periplaneta; Blaberus; Ectobius; Blattella

Sub-order MANTODEA (mantids)

Chaetessa; Mantis; Empusa; Sphodromantis

Order **ISOPTERA** (termites, white ants)

Mastotermes; Kalotermes; Neotermes; Hodotermes

Order **ZORAPTERA**

Zorotypus

Order **PLECOPTERA** (stone-flies)

(= PERLARIA)

Eusthenia; Perla; Nemoura; Nephelopteryx

Order **GRYLLOBLATTODEA**

(= NOTOPTERA)

Grylloblatta

Order **PHASMIDA**

(= CHELEUTOPTERA)

Carausius (= *Dixippus*), *Donusa* (stick-insects); *Phyllium* (leaf-insect)

Order **ORTHOPTERA**

(= SALTATORIA)

Sub-order ENSIFERA (longhorned grasshoppers, crickets)

Tettigonia (= *Phasgonura*) (bush cricket); *Gryllotalpa* (mole cricket); *Acheta* (= *Gryllus*) (cricket); *Nemobius; Oecanthus* (snowy cricket)

Sub-order CAELIFERA (shorthorned grasshoppers) *Schistocerca, Locusta* (locusts); *Chorthippus* (grasshopper); *Tetrix* (= *Acrydium*) (grouse locust); *Pneumora*

Order **EMBIOPTERA** (web-spinners)

Embia; Oligotoma; Dictyoploca

Order **DERMAPTERA**

Sub-order FORFICULINA (earwigs)

Labidura; Forficula; Labia; Anisolabis

Sub-order ARIXENIINA

Arixenia

Sub-order HEMIMERINA

(= Diploglossata)

Hemimerus

Section PARANEOPTERA

(= Exopterygota, Hemimetabola, – [Polyneoptera + Palaeoptera])

Order **PSOCOPTERA** (book lice)

(= COPEOGNATHA, CORRODENTIA)

Peripsocus; Psocus; Liposcelis; Ectopsocus

Order **PHTHIRAPTERA** (lice)

Sub-order ANOPLURA (sucking lice)

(= Siphunculata)

Pediculus (human louse); *Phthirus* (= *Phthirius*) (crab louse); *Haematopinus* (hog louse); *Linognathus*

Sub-order MALLOPHAGA (biting lice)

Menopon (shaft louse); *Goniodes; Lipeurus* (fowl louse); *Trichodectes*

Sub-order RHYNCHOPHTHIRINA

Haematomyzus (elephant louse)

Order **THYSANOPTERA** (thrips)

(= PHYSOPODA)

Thrips; Heliothrips; Taeniothrips

Order **HEMIPTERA**

(= RHYNCHOTA)

Sub-order HOMOPTERA

Oiphysa; Magicicada (cicada); *Cercopis, Philaenus* (frog hoppers); *Centrotus* (tree-hopper); *Perkinsiella* (sugar-cane leaf-hopper); *Empoasca* (leaf-hopper); *Phenax* (lantern fly); *Psylla* (jumping plant louse); *Aphis* (greenfly, plant louse); *Phylloxera* (vine pest); *Coccus* (scale insect)

Sub-order HETEROPTERA

Cimex (bed-bug); *Dysdercus* (cotton stainer); *Rhodnius* (assassin bug); *Blissus* (chinch bug); *Notonecta* (backswimmer); *Corixa* (water boatman); *Anasa* (squash bug); *Aphelocheirus* (needle bug)

Section OLIGONEOPTERA

(= Endopterygota, Holometabola)

Order **NEUROPTERA**

Sub-order MEGALOPTERA

Sialis (alder fly); *Raphidia* (snake fly); *Corydalis* (Dobson fly)

Sub-order PLANIPENNIA

Chrysopa (green lacewing); *Hemerobius* (brown lacewing); *Myrmeleon* (ant lion fly); *Ithone; Mantispa; Osmylus; Sisyra*

Order **COLEOPTERA** (beetles)

Sub-order ADEPHAGA

Cicindela (tiger beetle); *Carabus* (ground beetle); *Dytiscus* (water beetle); *Gyrinus* (whirligig)

Sub-order ARCHOSTEMATA

Cupes

Sub-order POLYPHAGA

Hydrophilus (=*Hydrous*); *Hister; Sphaerius; Lucanus* (stag beetle); *Cetonia* (rose chafer); *Stigmodera; Agriotes* (wire worm^1); *Coccinella* (lady bird); *Tenebrio* (mealworm^1); *Tribolium* (flour beetle); *Chrysolina; Leptinotarsa* (Colorado beetle); *Dendroctonus; Agelastica; Anisoplia*

Order **STREPSIPTERA** (stylopids)

Stylops; Xenos

Order **MECOPTERA** (scorpion flies)

(=PANORPATAE)

Panorpa; Bittacus; Boreus; Nannochorista

Order **TRICHOPTERA** (caddis flies)

(=PHRYGANOIDEA)

Limnephilus (=*Limnophilus*); *Hydropsyche; Macronema; Molanna*

Order **ZEUGLOPTERA**

Micropteryx (=*Eriocephala*)

Order **LEPIDOPTERA**

Sub-order MONOTRYSIA

Eriocrania; Hepialus (ghost moth); *Stigmella* (=*Nepticula*^{2}); *Incurvaria*

Sub-order DITRYSIA

Sitotroga (grain moth); *Depressaria; Cossus* (goat moth); *Psyche* (bag-worm moth); *Castnia; Evetria* (pine shoot moth); *Tortrix; Galleria* (wax moth); *Ephestia* (flour moth); *Tinea* (clothes moth); *Attacus* (atlas moth); *Papilio* (swallow-tail); *Pieris* (cabbage butterfly); *Acherontia* (death's head hawk moth); *Lymantria* (gipsy moth); *Bombyx* (silk moth)

Order **DIPTERA** (two-winged flies, true flies)

Sub-order NEMATOCERA

Tipula (daddy-long legs); *Phlebotomus* (sand fly); *Culex, Anopheles* (mosquitoes); *Contarinia* (pear midge); *Sciara* (fungus gnat); *Simulium* (black fly); *Chironomus* (non-biting midge); *Bolitophila*

Sub-order BRACHYCERA

Rhagio (=*Leptis*); *Tabanus* (horse fly)

---

^{1} Larva.

^{2} Some specialists believe that *Stigmella* and *Nepticula* are separate genera.

Sub-order CYCLORRHAPHA

Eristalis (drone fly); *Drosophila* (small fruit fly); *Oscinella* (frit fly); *Calliphora* (bluebottle, blowfly); *Musca* (house fly); *Lucilia* (greenbottle); *Glossina* (tse-tse fly); *Melophagus* (sheep tick)

Order SIPHONAPTERA (fleas)

(= APHANIPTERA, SUCTORIA)

Xenopsylla; Tunga (jigger); *Pulex; Ctenocephalides; Echidnophaga* (sticktight)

Order HYMENOPTERA

Sub-order SYMPHYTA

(= Chalastogastra)

Cephus (stem sawfly); *Nematus* (sawfly); *Sirex* (giant wood wasp); *Waldheimia*

Sub-order APOCRITA

(= Clistogastra)

Ichneumon, Nemeritis (ichneumon flies); *Chalcis* (chalcid fly); *Blastophaga* (fig-insect); *Trichogramma; Formica* (ant); *Vespa* (hornet); *Vespula* (wasp); *Bombus* (bumble bee); *Apis* (honey bee); *Aphaenogaster*

Class CRUSTACEA

Sub-class BRANCHIOPODA

Order ANOSTRACA (fairy shrimps)

Chirocephalus; Branchipus; Artemia; Eubranchipus

Order NOTOSTRACA

Triops (= *Apus*); *Lepidurus*

Order CONCHOSTRACA (clam shrimps)

Cyzicus (= *Estheria*); *Limnadia; Caenestheria*

Order CLADOCERA (water fleas)

Sida; Daphnia; Simocephalus; Moina; Leptodora; Podon; Evadne; Ceriodaphnia; Chydorus; Bosmina

Order CEPHALOCARIDA

Hutchinsoniella

Sub-class OSTRACODA

Order MYODOCOPA

Cypridina; Pyrocypris

Order CLADOCOPA

Polycope

Order PODOCOPA

Cypris; Cythere; Candona; Herpetocypris

Order PLATYCOPA

Cytherella

Sub-class COPEPODA

Order CALANOIDA

Calanus; Diaptomus; Metridia; Euchaeta

Order MONSTRILLOIDA

Monstrilla

Order CYCLOPOIDA
Cyclops; Lernaea (=*Lernaeocera*^{1}); *Eucyclops*
Order HARPACTICOIDA
Tigriopus; Harpacticus; Euterpina; Metis
Order NOTODELPHYOIDA
Ascidicola
Order CALIGOIDA
Caligus; Lernaeocera (=*Lernaea*^{1}); *Peroderma*
Order LERNAEOPODOIDA
Chondracanthus; Sphaeronella; Clavella

Sub-class MYSTACOCARIDA

Order DEROCHEILOCARIDA
Derocheilocaris

Sub-class BRANCHIURA

Argulus; Dolops; Chonopeltis

Sub-class CIRRIPEDIA

Order THORACICA (barnacles)
Lepas (goose barnacle); *Balanus; Chthamalus; Elminius; Coronula; Cryptolepas; Ibla*
Order ACROTHORACICA
Alcippe
Order RHIZOCEPHALA
Sacculina; Lernaeodiscus; Peltogasterella; Triangulus
Order ASCOTHORACICA
Laura

Sub-class MALACOSTRACA

Super-order **LEPTOSTRACA**
(=PHYLLOCARIDA)
Order NEBALIACEA
Nebalia
Super-order **SYNCARIDA**
Order ANASPIDACEA
Anaspides
Order BATHYNELLACEA
Bathynella
Super-order **PANCARIDA**
Order THERMOSBAENACEA
Thermosbaena; Monodella
Super-order **PERACARIDA**
Order MYSIDACEA (opossum-shrimps)
Lophogaster; Gnathophausia; Mysis; Hemimysis; Siriella; Gastrosaccus; Neomysis; Praunus
Order CUMACEA
Diastylis; Iphinoe; Pseudocuma; Cumella
Order TANAIDACEA
Apseudes; Tanais; Leptochelia; Syraphus
Order GNATHIIDEA
Gnathia

---

^{1} *Lernaeocera* is the *Lernaea* of textbooks and classrooms. The fresh-water genus *Lernaea* used to be called *Lernaeocera* (Gurney, 1933, p. 336).

Order **ISOPODA**

Ligia, Armadillidium (woodlice); *Asellus; Idotea; Limnoria* (gribble); *Bopyrus; Ione; Cymothoa; Portunion; Entoniscus; Anilocra; Athelges*

Order **SPELAEOGRIPHACEA**

Spelaeogriphus

Order **AMPHIPODA**

Gammarus (shrimp); *Talitrus* (sand hopper); *Caprella* (ghost shrimp); *Hyperia; Cyamus* (whale louse); *Corophium; Jassa; Niphargus* (well shrimp)

Super-order **HOPLOCARIDA**

Order **STOMATOPODA** (mantis shrimps)

Squilla; Gonodactylus; Pseudosquilla; Lysiosquilla

Super-order **EUCARIDA**

Order **EUPHAUSIACEA** (krill, whale feed)

Euphausia; Meganyctiphanes; Thysanopoda

Order **DECAPODA**^{1}

Sub-order NATANTIA

Penaeus, Pandalus, Palaemon (=*Leander*), *Hippolyte* (prawns); *Crangon* (=*Crago*) (shrimp); *Macrobrachium* (=*Palaemon*) (river prawn); *Alpheus* (=*Crangon*) (snapping shrimp); *Acanthephyra*

Sub-order REPTANTIA

Jasus (kreef); *Palinurus* (langouste, crawfish); *Panulirus* (rock lobster); *Astacus* (=*Potamobius*), *Cambarus* (fresh-water crayfish); *Homarus* (lobster); *Nephrops* (Norway lobster); *Dardanus* (=*Pagurus*), *Pagurus* (=*Eupagurus*) (hermit crabs); *Cancer* (edible crab); *Carcinus* (=*Carcinides*) (shore crab)

Class **MEROSTOMATA**^{2}

Order **XIPHOSURA** (king crabs)

(=LIMULIDA)

Limulus; Tachypleus; Carcinoscorpius

Class **ARACHNIDA**^{2}

Order **SCORPIONES** (scorpions)

Scorpio; Apistobuthus; Buthus; Tityus; Pandinus

Order **PSEUDOSCORPIONES** (false scorpions)

(=CHELONETHI, CHERNETES)

Microbisium; Chelifer; Garypus; Chthonius

Order **HOLOPELTIDA** (whip scorpions)

(=THELYPHONIDA)

Thelyphonus; Mastigoproctus

Order **SCHIZOPELTIDA**

(=SCHIZOMIDA, TARTARIDAE)

Schizomus

Order **AMBLYPYGI**

(=PHRYNICIDA)

Damon; Phrynichus; Charinus

Order **PALPIGRADI** (micro-whip scorpions)

(=MICROTHELYPHONIDA)

Koenenia

---

^{1} **See** also Dibranchia, p. 24. ^{2} These two classes may be considered as members of sub-phylum Chelicerata.

Order **RICINULEI**
(=PODOGONATA)
Ricinoides
Order **SOLIFUGAE** (false spiders, sun spiders, wind scorpions)
(=SOLPUGIDA)
Galeodes; Solpuga
Order **OPILIONES** (phalangids, harvest spiders, harvestmen)
(=PHALANGIDA)
Phalangium; Oligolophus; Vonones
Order **ARANEAE** (spiders)
Araneus (=*Epeira*); *Atrax; Latrodectus; Pholcus*
Order **ACARI**
Acarus, Dermanyssus, Pyemotes, Trombicula (mites); *Ixodes, Argas, Ornithodoros* (ticks)

Class PYCNOGONIDA (sea spiders)
(=PANTOPODA)
Order **COLOSSENDEOMORPHA**
Dodecolopoda; Colossendeis
Order **NYMPHONOMORPHA**
Nymphon; Anoplodactylus; Propallene
Order **ASCORHYNCHOMORPHA**
Ascorhynchus; Achelia
Order **PYCNOGONOMORPHA**
Pycnogonum

Class PENTASTOMIDA
(=LINGUATULIDA)
Order **CEPHALOBAENIDA**
Cephalobaena; Reighardia; Raillietiella
Order **POROCEPHALIDA**
Sebekia; Linguatula; Armillifer

Class TARDIGRADA (water-bears)
Order **HETEROTARDIGRADA**
Echiniscus; Tetrakentron; Echiniscoides
Order **EUTARDIGRADA**
Macrobiotus; Hypsibius; Milnesium

Phylum **CHAETOGNATHA** (arrow worms)

Sagitta; Spadella; Eukrohnia; Pterosagitta; Heterokrohnia; Bathyspadella; Krohnitta

---

Phylum **POGONOPHORA** (=BRACHIATA) (beard worms)

Order **ATHECANEPHRIA**
Oligobrachia; Siboglinum; Birsteinia
Order **THECANEPHRIA**
Heptabrachia; Zenkevitchiana; Lamellisabella; Spirobrachia; Galathealinum; Polybrachia

Phylum ECHINODERMATA

Sub-phylum PELMATOZOA

Class CRINOIDEA

Order ARTICULATA^1

Antedon, Tropiometra, Comanthus (feather stars); *Rhizocrinus, Metacrinus* (sea lilies)

Sub-phylum ELEUTHEROZOA

Class HOLOTHUROIDEA (sea cucumbers)

Order ASPIDOCHIROTA

Holothuria; Stichopus; Mesothuria; Actinopyga

Order ELASIPODA

Deima; Kolga; Elpidia; Pelagothuria

Order DENDROCHIROTA

Cucumaria; Thyone; Echinocucumis; Psolus; Phyllophorus; Pentacta

Order MOLPADONIA

Molpadia; Caudina

Order APODA^2

Synapta; Leptosynapta; Labidoplax; Chiridota

Class ECHINOIDEA

Sub-class PERISCHOECHINOIDEA

Order CIDAROIDA (sea urchins)

Cidaris

Sub-class EUECHINOIDEA

Super-order DIADEMATACEA (sea urchins)

Order DIADEMATOIDA

Diadema; Centrostephanus

Order ECHINOTHURIO IDA

Phormosoma; Areosoma

Super-order ECHINACEA (sea urchins)

Order HEMICIDAROIDA

Salenia

Order PHYMOSOMATOIDA

Stomopneustes; Glyptocidaris

Order ARBACIOIDA

Arbacia

Order TEMNOPLEUROIDA

Temnopleurus; Tripneustes (= *Hipponoe*); *Toxopneustes; Mespilia; Sphaerechinus; Lytechinus; Pseudocentrotus; Genocidaris*

Order ECHINOIDA

Echinus; Echinometra; Strongylocentrotus; Psammechinus; Paracentrotus; Hemicentrotus; Anthocidaris; Heliocidaris; Allocentrotus; Loxechinus

---

^{1} See Brachiopoda, p. 22. $\qquad$ ^{2} See Gymnophiona, p. 41.

Super-order GNATHOSTOMATA

Order HOLECTYPOIDA

Echinoneus

Order CLYPEASTEROIDA (sand-dollars, cake urchins)

Sub-order CLYPEASTERINA

Clypeaster

Sub-order LAGANINA

Laganum; Echinocyamus; Peronella

Sub-order SCUTELLINA

Mellita; Echinarachnius; Dendraster; Astriclypeus

Sub-order ROTULINA

Rotula

Super-order ATELOSTOMATA

Order NUCLEOLITOIDA

Neolampas

Order CASSIDULOIDA

Cassidulus

Order HOLASTEROIDA

Pourtalesia

Order SPATANGOIDA (heart urchins)

Spatangus; Echinocardium; Brissopsis; Lovenia

Class ASTEROIDEA (starfishes)

Order PHANEROZONA

Astropecten; Porcellanaster; Luidia; Porania

Order SPINULOSA

Asterina; Patiria; Anseropoda (=*Palmipes*); *Henricia; Echinaster; Solaster*

Order FORCIPULATA

Marthasterias; Asterias; Leptasterias; Stichastrella; Pisaster; Brisinga; Pycnopodia

Class OPHIUROIDEA (brittle stars, basket stars)

Order OPHIURAE

Ophiura; Ophiothrix; Ophiocomina; Ophiopsila; Ophiactis; Ophiopholis; Acrocnida; Amphiura; Amphipholis; Amphiodia; Ophiophragmus

Order EURYALAE

Asteronyx; Gorgonocephalus

Phylum CHORDATA

Sub-phylum HEMICHORDATA (=STOMOCHORDATA, BRANCHIOTREMATA)

Class ENTEROPNEUSTA (acorn worms)

Protoglossus (=*Protobalanus*); *Saccoglossus* (=*Dolichoglossus*); *Harrimania; Glossobalanus; Balanoglossus; Ptychodera; Schizocardium; Glandiceps; Spengelia; Willeyia; Xenopleura*

Class PTEROBRANCHIA

Order RHABDOPLEURIDA

Rhabdopleura

Order CEPHALODISCIDA

Cephalodiscus; Atubaria

Class PLANCTOSPHAEROIDEA^1

Planctosphaera

Sub-phylum UROCHORDATA (=TUNICATA)

Class ASCIDIACEA (sea squirts)

Order **ENTEROGONA**

Sub-order APLOUSOBRANCHIATA

Clavelina; Polyclinum; Aplidium (=*Amaroucium*); *Didemnum; Diplosoma; Distaplia; Eudistoma*

Sub-order PHLEBOBRANCHIATA

Ciona; Ascidia; Phallusia; Ascidiella; Perophora

Order **PLEUROGONA**

Sub-order STOLIDOBRANCHIATA

Styela; Polycarpa; Botryllus; Boltenia; Pyura; Molgula; Dendrodoa; Eugyra; Pelonaia

Sub-order ASPIRICULATA

Hexacrobylus

Class THALIACEA

Order **PYROSOMIDA**

Pyrosoma

Order **DOLIOLIDA**

(=CYCLOMYARIA)

Doliolum

Order **SALPIDA** (salps)

(=DESMOMYARIA)

Salpa; Cyclosalpa; Thalia; Thetys

Class LARVACEA

Order **COPELATA**

Oikopleura; Appendicularia; Fritillaria

Sub-phylum CEPHALOCHORDATA (=ACRANIA, LEPTOCARDII)

Branchiostoma (=*Amphioxus*) (lancelet); *Asymmetron*

Sub-phylum VERTEBRATA

Class MARSIPOBRANCHII (=AGNATHA)

Sub-class CYCLOSTOMATA^2

Order **HYPEROARTII** (lampreys)

(=PETROMYZONES)

Petromyzon; Lampetra; Ichthyomyzon

---

^{1} This class only contains a few larvae of unknown parentage. ^{2} See Gymnolaemata, p. 21.

Order **HYPEROTRETA** (hagfishes)
(= MYXINI)
Eptatretus (= *Bdellostoma*); *Myxine*

Class SELACHII
(= CHONDROPTERYGII, CHONDRICHTHYES, ELASMOBRANCHII)

Sub-class EUSELACHII

Order **PLEUROTREMATA** (sharks, dogfishes, angel-fishes)
(= SELACHOIDEI)
Sub-order NOTIDANOIDEI
(= Hexanchiformes)
Heptranchias; *Notidanus*; *Chlamydoselachus*
Sub-order GALEOIDEI
(= Lamniformes)
Orectolobus; *Odontaspis* (= *Carcharias*);
Scyliorhinus (= *Scyllium*) (dogfish); *Mustelus*;
Galeorhinus (= *Galeus*, *Eugaleus*) (tope); *Sphyrna*
(hammerhead); *Carcharhinus*; *Cetorhinus*
Sub-order SQUALOIDEI
(= Tectospondyli)
Squalus (= *Acanthias*); *Echinorhinus*; *Heterodontus*
(= *Cestracion*); *Pristiophorus*; *Squatina* (angel-fish)
Order **HYPOTREMATA** (rays)
Sub-order NARCOBATOIDEI
(= Torpediniformes)
Torpedo (= *Narcobatus*, *Narcacion*); *Hypnos*
(= *Hypnarce*)
Sub-order BATOIDEI
Raja (ray); *Pristis* (saw-fish); *Dasyatis* (= *Trygon*)
(sting ray); *Myliobatis* (eagle ray)

Class BRADYODONTI

Sub-class HOLOCEPHALI (rabbit-fishes)

Rhinochimaera; *Callorynchus*; *Chimaera*; *Harriotta*

Class PISCES (bony fishes)
(= OSTEICHTHYES)

Sub-class PALAEOPTERYGII

Order **CHONDROSTEI**
(= ACIPENSERIFORMES)
Acipenser (sturgeon); *Polyodon* (paddle-fish)
Order **CLADISTIA**
(= POLYPTERIFORMES)
Polypterus (bichir); *Calamoichthys*
(= *Erpetoichthys*) (reed-fish)

Sub-class NEOPTERYGII
(÷ TELEOSTEI + HOLOSTEI)^1

(= Holostei) { Order **PROTOSPONDYLI** (bow-fins)
Amia
Order **GINGLYMODI** (gar-pikes)
(= LEPISOSTEIFORMES)
Lepisosteus (= *Lepidosteus*)

---

^{1} i.e., Teleostei ÷ Neopterygii−Holostei.

Order **ISOSPONDYLI**

(=MALACOPTERYGII, CLUPEIFORMES)

Sub-order CLUPEOIDEI

Clupea (herring); *Sardina* (sardine, pilchard); *Megalops* (tarpon); *Alepocephalus; Alosa* (shad)

Sub-order STOMIATOIDEI

Stomias; Astronesthes; Echiostoma

Sub-order SALMONOIDEI

Salmo (=*Trutta*) (salmon, trout); *Salvelinus* (char); *Osmerus* (smelt); *Coregonus* (whitefish); *Hypomesus* (surf smelt)

Sub-order OSTEOGLOSSOIDEI

Arapaima

Sub-order NOTOPTEROIDEI

Notopterus

Sub-order MORMYROIDEI

Gymnarchus; Gnathonemus

Sub-order GONORHYNCHOIDEI

Gonorhynchus

Order **HAPLOMI**

(=ESOCOIDEI)

Esox (pike); *Dallia* (black-fish); *Umbra* (mudminnow)

Order **INIOMI**

(=SCOPELIFORMES)

Sub-order MYCTOPHOIDEI

(=Scopelidae)

Myctophum, Lampanyctus (lantern-fishes); *Synodus* (lizard-fish)

Sub-order ALEPISAUROIDEI

Alepisaurus; Paralepis

Order **CHONDROBRACHII**

Ateleopus

Order **CETUNCULI**

Cetomimus (=*Pelecinomimus*)

Order **MIRIPINNATI**

Eutaeniophorus

Order **GIGANTUROIDEA**

Gigantura

Order **LYOMERI** (gulper eels)

(=SACCOPHARYNGIFORMES)

Saccopharynx; Eurypharynx

Order **OSTARIOPHYSI**

Sub-order CHARACOIDEI

Erythrinus; Prochilodus (bocachica); *Hydrocyon* (tigerfish); *Charax; Hoplias; Anoptichthys* (cave characin)

Sub-order GYMNOTOIDEI

Gymnotus (gymnotid eel); *Steatogenes*

Sub-order CYPRINOIDEI

(=Eventognathi)

Copeina; Electrophorus (electric eel); *Rutilus* (roach); *Phoxinus* (=*Phonixus*) (minnow); *Cyprinus* (carp); *Barbus* (barbel)

Sub-order SILUROIDEI (catfishes)
(=Nematognathi)
Silurus; Diplomystes; Malapterurus (electric catfish); *Ameiurus; Ancistrus*

Order **HETEROMI**
(=NOTACANTHIFORMES + HALOSAURIFORMES)
Halosaurus; Notacanthus

Order **APODES** (eels)
(=ANGUILLIFORMES)
Anguilla; Conger; Muraena (moray)

Order **SYNENTOGNATHI**
(=SCOMBRESOCES, BELONIFORMES)
Sub-order SOMBERESOCOIDEI
Scombresox (skipper); *Belone* (garfish)
Sub-order EXOCOETOIDEI
Exocoetus (flying fish)

Order **SALMOPERCAE**
(=PERCOPSIFORMES)
Aphredoderus (pirate-perch); *Percopsis* (sand-roller)

Order **MICROCYPRINI**
(=CYPRINODONTES, CYPRINODONTIFORMES)
Sub-order CYPRINODONTOIDEI
Fundulus (killifish); *Oryzias* (medaka, killifish);
Lebistes (guppy); *Platypoecilus* (platyfish, swordtail); *Anableps* (4-eyed fish)
Sub-order AMBLYOPSOIDEI
Chologaster; Troglichthys; Typhlichthys
Sub-order PHALLOSTETHOIDEI
Neostethus; Phallichthys

Order **SOLENICHTHYES**
(=SYNGNATHIFORMES + AULOSTOMIFORMES)
Macrorhamphosus (snipe-fish); *Hippocampus* (seahorse); *Microphis; Nerophis*

Order **ANACANTHINI**
(=GADIFORMES + MACRURIFORMES)
Gadus (cod, whiting); *Merluccius* (hake);
Macrourus; Brosmius; Phycis

Order **ALLOTRIOGNATHI**
(=LAMPRIDIFORMES)
Lampris (moon-fish); *Trachypterus* (ribbon-fish)

Order **BERYCOMORPHI**
Beryx; Monocentris; Anomalops; Holocentrus

Order **ZEOMORPHI**
Zeus (John Dory); *Capros* (boar-fish)

Order **PERCOMORPHI**^{1}
Sub-order PERCOIDEI
Perca (perch); *Morone* (bass); *Acerina* (ruffe, pope)
Sub-order TEUTHIDOIDEI
(=Siganoidei)
Teuthis
Sub-order ACANTHUROIDEI
Acanthurus (surgeon-fish)

---

^{1} Acanthopterygii which, *inter alia*, includes the Percomorphi, is obsolete.

Sub-order KURTOIDEI
 Kurtus
Sub-order TRICHIUROIDEI
 Lepidopus (frost fish); *Aphanopus* (scabbard fish)
Sub-order SCOMBROIDEI
 Scomber (mackerel); *Thunnus* (= *Thynnus*) (tunny)
Sub-order GOBIOIDEI
 Gobius (goby); *Periophthalmus* (mud-skipper)
Sub-order CALLIONYMOIDEI (dragonets)
 Callionymus
Sub-order BLENNIOIDEI
 Blennius, Zoarces (blennies); *Anarhichas* (sea catfish, wolf-fish)
Sub-order OPHIDIOIDEI (cusk eels)
 Genypterus; Lucifuga; Parabrotula
Sub-order STROMATEOIDEI
 Lirus (rudder-fish); *Nomeus; Poronotus* (butterfish)
Sub-order CHANNOIDEI
 (= Ophicephaloidei)
 Channa (= *Ophicephalus*)
Sub-order ANABANTOIDEI
 Anabas (climbing perch); *Betta*
Sub-order MUGILOIDEI (grey mullets)
 (= Percesoces)
 Mugil; Atherina; Sphyraena (barracuda)
Sub-order POLYNEMOIDEI
 (= Rhegnopteri)
 Polynemus

Order **SCLEROPAREI** (mail-cheeked fishes)
 (= CATAPHRACTI, LORICATI)
Sub-order SCORPAENOIDEI
 Sebastes; Trigla (gurnard); *Cottus* (bullhead, miller's thumb); *Cyclopterus* (lumpfish)
Sub-order CEPHALACANTHOIDEI (flying gurnards)
 (= Dactylopteroidei)
 Cephalacanthus (= *Dactylopterus*)

Order **THORACOSTEI** (sticklebacks)
 (= GASTEROSTOIDEA)
 Gasterosteus; Spinachia

Order **HYPOSTOMIDES** (dragon-fishes)
 (= PEGASIFORMES)
 Pegasus

Order **HETEROSOMATA** (flat-fishes)
 (= PLEURONECTIFORMES)
 Bothus; Pleuronectes; Psettodes; Limanda (flounder); *Solea; Paralichthys*

Order **DISCOCEPHALI** (sucker-fishes)
 (= ECHENEIFORMES)
 Echeneis; Remora

Order **PLECTOGNATHI** (trigger-fishes, globe-fishes)
 (≑ TETRAODONTIFORMES)

Sub-order BALISTOIDEI
(=Sclerodermi)
Balistes
Sub-order TETRAODONTOIDEI
(=Gymnodontes)
Tetraodon, Sphaeroides (puffers); *Mola* (=*Orthagoriscus*) (sunfish); *Diodon* (globe-fish)

Order **MALACICHTHYES** (rag-fishes)
(=ICOSTEIFORMES)
Icosteus; Acrotus

Order **XENOPTERYGII** (Cornish suckers, cling-fishes)
(=GOBIESOCIFORMES)
Lepadogaster

Order **HAPLODOCI** (toad-fishes)
(=BATRACHOIDIFORMES)
Opsanus; Thalassophryne; Porichthys

Order **PEDICULATI**
(=LOPHIIFORMES)
Sub-order LOPHIOIDEI
Lophius (angler)
Sub-order ANTENNARIOIDEI (sea toads, frog fishes)
Pterophryne; Antennarius
Sub-order CERATIOIDEI (deep-sea anglerfishes)
Melanocetus

Order **OPISTHOMI** (spiny eels)
(=MASTACEMBELIFORMES)
Mastacembelus; Macrognathus (=*Rhynchobdella*)

Order **SYNBRANCHII**
Sub-order ALABETOIDEI
Alabes (shore eel)
Sub-order SYNBRANCHOIDEI
Synbranchus; Amphipnous

Sub-class CROSSOPTERYGII

Order **ACTINISTIA**
(=COELACANTHINI)
Latimeria (coelacanth)

Order **DIPNOI** (lung-fishes)
(=DIPNEUSTI, CERATODIFORMES)
Protopterus; Lepidosiren; Neoceratodus
(=*Ceratodus*)

Class AMPHIBIA

Order **GYMNOPHIONA** (caecilians)
(=APODA^1)
Caecilia; Scolecomorphus; Hypogeophis; Ichthyophis; Gymnopis; Typhlonectes

Order **CAUDATA**
(=URODELA)
Sub-order CRYPTOBRANCHOIDEA
Hynobius; Pachypalaminus; Megalobatrachus (giant salamander); *Cryptobranchus* (hellbender)

---

^{1} See Holothuroidea, p. 34.

Sub-order AMBYSTOMATOIDEA

Ambystoma (=*Siredon*^{1}) (mole salamander, axolotl); *Dicamptodon* (Pacific giant salamander); *Rhyacotriton* (Olympic salamander)

Sub-order SALAMANDROIDEA

Salamandra (fire salamander, etc.); *Triturus* (=*Triton*) (newt); *Diemictylus* (eastern newt); *Desmognathus* (dusky salamander); *Plethodon* (woodland salamander); *Pleurodeles* (pleurodele newt); *Amphiuma* (Congo eel)

Sub-order PROTEIDA

Proteus (olm); *Necturus* (mud-puppy, waterdog)

Order TRACHYSTOMATA

Siren (siren, mud-eel); *Pseudobranchus* (dwarf siren)

Order SALIENTIA

(=ANURA)

Sub-order AMPHICOELA

Leiopelma (=*Liopelma*) (New Zealand frog); *Ascaphus* (tailed frog)

Sub-order OPISTHOCOELA

Discoglossus (painted frog); *Alytes* (midwife toad); *Bombina* (=*Bombinator*) (fire bellied toad); *Xenopus* (clawed toad); *Pipa* (Surinam toad)

Sub-order ANOMOCOELA

Megophrys (bull toad); *Pelobates* (spade foot)

Sub-order PROCOELA

Bufo (toad, true toad); *Hyla* (tree frog); *Gastrotheca* (=*Nototrema*) (marsupial frog); *Eleutherodactylus* (=*Hylodes*) (robber frog); *Rhinophrynus* (Mexican digger toad); *Dendrobates* (poison frog)

Sub-order DIPLASIOCOELA

Rana (frog, true frog); *Astylosternus* (hairy frog); *Rhacophorus* (=*Polypedates*) (tree frog); *Microhyla*

Class REPTILIA (reptiles)

Order **TESTUDINES**

(=CHELONIA)

Sub-order CRYPTODIRA

Testudo (Greek tortoise, etc.); *Chelonia* (green turtle); *Dermochelys* (leathery turtle); *Chrysemys* (terrapin); *Trionyx* (=*Amyda*) (soft-shelled turtle)

Sub-order PLEURODIRA

Chelus (matamata); *Chelodina* (long necked turtle)

Order **RHYNCHOCEPHALIA**

Sphenodon (=*Hatteria*) (tuatara)

Order **SQUAMATA**

Sub-order SAURIA (lizards)

(=Lacertilia)

Hemidactylus (gecko); *Iguana* (iguana); *Anguis* (slow-worm); *Heloderma* (Gila monster); *Lacerta* (green lizard, wall lizard, etc.); *Chamaeleo* (chameleon); *Anolis*; *Calotes*

---

^{1} Opinion 20 (2) 1963 of the International Commission on Zoological Nomenclature supresses under the Plenary Powers the generic name *Siredon* Wagler.

Sub-order SERPENTES (snakes)
(=Ophidia)
Constrictor (=*Boa*) (boa); *Python* (python); *Natrix* (=*Tropidonotus*) (grass snake, water snake, etc.); *Naja* (cobra); *Vipera* (=*Pelias*) (viper, adder); *Crotalus* (rattle snake)

Order **CROCODYLIA**
(=LORICATA)
Crocodylus^1 (crocodile); *Gavialis* (Indian 'gharial'); *Tomistoma* (Malayan gavial); *Caiman* (South American caiman); *Alligator* (alligator)

Class AVES (birds)

Order **STRUTHIONIFORMES** (ostriches)
Struthio

Order **RHEIFORMES** (rheas)
Rhea

Order **CASUARIIFORMES**
Dromiceius (emu); *Casuarius* (cassowary)

Order **APTERYGIFORMES** (kiwis)
Apteryx

Order **TINAMIFORMES** (tinamous)
(=CRYPTURI)
Rhynchotus; Crypturellus; Nothura; Nothoprocta

Order **GAVIIFORMES** (divers)
(=PYGOPODES, COLYMBIFORMES)
Gavia (=*Colymbus*)

Order **PODICIPEDIFORMES** (grebes)
(=PYGOPODES, COLYMBIFORMES)
Podiceps; Aechmophorus; Podilymbus

Order **SPHENISCIFORMES** (penguins)
Spheniscus; Aptenodytes; Eudyptes

Order **PROCELLARIIFORMES**
(=TUBINARES)
Hydrobates (storm petrel); *Procellaria* (shearwater)^2; *Diomedea* (albatross); *Pelecanoides* (diving petrel)

Order **PELECANIFORMES**
(=STEGANOPODES)
Phaethon (tropic bird); *Pelecanus* (pelican); *Phalacrocorax* (cormorant); *Sula* (gannet); *Fregata* (frigate bird); *Anhinga* (darter)

Order **CICONIIFORMES**
(=ARDEIFORMES, GRESSORES)
Ardea (heron); *Balaeniceps* (whale-headed stork); *Scopus* (hammerhead); *Ciconia* (stork); *Threskiornis* (ibis); *Platalea* (spoonbill)

Order **PHOENICOPTERIFORMES** (flamingos)
Phoenicopterus

Order **ANSERIFORMES**
Anhima (screamer); *Anas, Clangula, Mergus* (ducks); *Anser* (goose); *Cygnus* (swan)

---

^{1} This is the original and, therefore, correct spelling, by Laurenti in 1768.

^{2} The correct Latin name of the Manx shearwater (formerly *Puffinus puffinus*) is *Procellaria puffinus*.

Order FALCONIFORMES
(=ACCIPITRES)
Cathartes (turkey vulture); *Sagittarius* (secretary bird); *Aegypius* (black vulture); *Accipiter* (=*Astur*) (goshawk, sparrow hawk); *Falco* (=*Cerchneis*) (kestrel, falcon, etc.); *Pandion* (osprey)

Order GALLIFORMES
Crax (curassow); *Megapodius* (megapode); *Lagopus* (ptarmigan, grouse); *Coturnix* (quail); *Phasianus* (pheasant); *Gallus* (fowl); *Numida* (guinea fowl); *Meleagris* (turkey); *Opisthocomus* (hoatzin)

Order GRUIFORMES
Mesoenas (roatelo); *Turnix* (button-quail); *Grus* (crane); *Aramus* (limpkin); *Psophia* (trumpeter); *Rallus* (rail); *Heliornis* (sun-grebe); *Rhynochetos* (kagu); *Eurypyga* (sun-bittern); *Cariama* (cariama); *Otis* (bustard); *Fulica* (coot); *Notornis* (takahe)

Order CHARADRIIFORMES
(=LARO-LIMICOLAE)
Jacana (lily trotter); *Charadrius* (ringed plover, sand plover, etc.); *Actitis* (sandpiper); *Stercorarius* (=*Lestris*) (skua); *Larus* (gull); *Sterna* (tern); *Alca* (razorbill); *Fratercula* (puffin)

Order COLUMBIFORMES
Treron (green pigeon); *Columba* (pigeon); *Goura* (crowned pigeon); *Pterocles* (sand-grouse)

Order PSITTACIFORMES (parrots)
Psittacus; Nestor; Eos; Poicephalus; Agapornis; Melopsittacus (budgerigar)

Order CUCULIFORMES
Cuculus (cuckoo); *Crotophaga* (ani); *Geococcyx* (road-runner); *Centropus* (coucal); *Musophaga* (plantain-eater)

Order STRIGIFORMES (owls)
Tyto; Bubo; Asio; Otus; Strix

Order CAPRIMULGIFORMES
Steatornis (oil bird); *Podargus* (frogmouth); *Caprimulgus* (nightjar)

Order APODIFORMES
(=MICROPODIFORMES, MACROCHIRES)
Apus (=*Micropus*) (swift); *Trochilus, Amazilia, Archilochus* (humming-birds)

Order COLIIFORMES (mouse birds)
Colius

Order TROGONIFORMES (trogons)
Pharomachrus (quetzal); *Apaloderma*

Order CORACIIFORMES
Alcedo (kingfisher); *Todus* (tody); *Momotus* (motmot); *Merops* (bee-eater); *Coracias* (roller); *Upupa* (hoopoe); *Buceros* (horn-bill)

Order PICIFORMES
Bucco (puffbird); *Galbula* (jacamar); *Capito* (barbet); *Indicator* (honey guide); *Ramphastos* (toucan); *Picus, Dryocopus* (woodpeckers)

Order **PASSERIFORMES**
Sub-order EURYLAIMI (broadbills)
Smithornis
Sub-order TYRANNI
Formicarius (antbird); *Furnarius* (ovenbird);
Cotinga (cotinga); *Cephalopterus* (umbrella bird)
Sub-order MENURAE
Menura (lyre-bird)
Sub-order PASSERES (songbirds)
(= Oscines)
Alauda (lark); *Hirundo* (swallow); *Turdus* (thrush, blackbird); *Fringilla* (chaffinch, etc.); *Sturnus* (starling); *Corvus* (raven, crow, etc.)

Class MAMMALIA

Sub-class PROTOTHERIA

Order **MONOTREMATA**
Tachyglossus (= *Echidna*) (spiny anteater);
Ornithorhynchus (= *Platypus*) (duck-bill)

Sub-class THERIA

Infra-class METATHERIA

Order **MARSUPIALIA**
Didelphis (American opossum); *Antechinomys* (jerboa pouched mouse); *Dasyurus* ('native cat'); *Perameles* (bandicoot); *Trichosurus* (common phalanger); *Vombatus* (= *Phascolomis*) (wombat); *Phascolarctos* (koala); *Macropus* (kangaroo); *Setonyx* (quokka); *Potorous*, *Bettongia* (rat-kangaroos); *Caenolestes; Metachirus* (4-eyed opossum)

Infra-class EUTHERIA

Order **INSECTIVORA**
Tenrec (= *Centetes*) (tenrec); *Erinaceus* (hedgehog); *Echinosorex* (= *Gymnura*) (moon rat); *Sorex* (shrew); *Crocidura* (white-toothed shrew); *Scalopus* (eastern mole); *Talpa* (common old world mole); *Chrysochloris* (golden mole); *Macroscelides* (elephant shrew); *Condylura* (star-nosed mole)

Order **DERMOPTERA**
Cynocephalus (= *Galeopithecus*, *Galeopterus*) (flying lemur, cobego, colugo)

Order **CHIROPTERA**
Sub-order MEGACHIROPTERA
Pteropus (flying fox); *Cynopterus*, *Epomophorus*, *Eidolon* (fruit bats); *Rousettus* (rousette)
Sub-order MICROCHIROPTERA
Rhinolophus (horseshoe bat); *Pipistrellus* (pipistrelle); *Myotis* (brown bat, etc.); *Desmodus* (vampire); *Artibeus* (American fruit bat); *Eptesicus* (serotine bat)

Order **PRIMATES**

Sub-order PROSIMII

(=Lemuroidea)

Tupaia (tree shrew); *Loris* (loris); *Perodicticus* (potto); *Galago* (bush baby); *Lemur* (common lemur); *Arctocebus* (golden potto); *Hapalemur* (gentle lemur)

Sub-order TARSII

Tarsius (tarsier)

Sub-order SIMIAE

(=Anthropoidea, Pithecoidea)

Callithrix (=*Hapale*) (marmoset); *Cebus* (capuchin); *Saimiri* (squirrel monkey); *Ateles* (spider monkey); *Macaca* (macaque); *Cercocebus* (mangabey); *Papio* (baboon); *Cercopithecus* (African tree monkeys); *Presbytis* (langur); *Hylobates* (gibbon); *Pongo* (=*Simia*) (orang); *Pan* (=*Anthropopithecus*, *Troglodytes*) (chimpanzee); *Gorilla* (gorilla); *Homo* (man); *Mandrillus* (mandrill); *Tamarinus* (tamarin)

Order **EDENTATA**

Bradypus (3-toed sloth); *Dasypus* (armadillo); *Priodontes* (giant armadillo); *Myrmecophaga* (giant anteater); *Tamandua* (lesser anteater)

Order **PHOLIDOTA**

Manis (pangolin, scaly anteater)

Order **LAGOMORPHA**

Ochotona (pika); *Lepus* (hare); *Oryctolagus* (=*Lepus*) (rabbit); *Sylvilagus* (cottontail)

Order **RODENTIA**

Sub-order SCIUROMORPHA

Sciurus (squirrel); *Marmota* (=*Arctomys*) (marmot, woodchuck); *Tamias* (chipmunk); *Castor* (beaver); *Aplodontia* (sewellel, mountain beaver); *Xerus* (African ground squirrel); *Citellus* (=*Spermophilus*) (American ground squirrel, gopher); *Glaucomys* (American flying squirrel); *Geomys* (pocket gopher); *Anomalurus* (scale-tailed flying squirrel); *Pedetes* (jumping hare)

Sub-order MYOMORPHA

Peromyscus (deer mouse); *Sigmodon* (cotton rat); *Cricetus* (hamster); *Mesocricetus* (golden hamster); *Mystromys* (white-tailed rat); *Lophiomys* (maned rat); *Lemmus* (lemming); *Microtus* (vole); *Clethrionomys* (=*Evotomys*) (bank vole); *Arvicola* (water vole); *Ondatra* (muskrat); *Rattus* (=*Epimys*) (rat); *Rattus* (*Mastomys*^{1}) (multimammate rat, coucha rat); *Apodemus* (wood mouse); *Mus* (house mouse); *Gerbillus* (gerbil); *Meriones* (jird); *Spalax* (mole rat); *Glis* (=*Myoxus*), *Muscardinus* (dormice); *Zapus* (jumping mouse); *Jaculus* (=*Dipus*) (jerboa)

---

^{1} *Mastomys* is a sub-genus of *Rattus*.

Sub-order HYSTRICOMORPHA

Cavia (guinea pig); *Hydrochoerus* (capybara); *Chinchilla* (chinchilla); *Myocastor* (coypu); *Hystrix* (porcupine); *Cuniculus* (=*Coelogenys*) (paca)

Order **CETACEA**

Sub-order ODONTOCETI

Mesoplodon (beaked whale); *Physeter* (sperm whale); *Delphinus* (dolphin); *Tursiops* (=*Tursio*) (bottle-nosed dolphin); *Orcinus* (killer whale); *Phocaena* (porpoise); *Hyperoodon* (bottle-nosed whale)

Sub-order MYSTICETI

Rhachianectes (grey whale); *Balaenoptera* (rorqual); *Sibbaldus* (blue whale); *Balaena* (right whale)

Order **CARNIVORA**

Canis (wolf, dog, jackal); *Vulpes* (fox); *Ursus* (bear); *Thalarctos* (polar bear); *Procyon* (raccoon); *Potos* (kinkajou); *Ailurus* (panda); *Ailuropoda* (giant panda); *Mustela* (=*Putorius*) (ferret, weasel, mink, ermine, polecat, stoat); *Martes* (marten, sable); *Meles* (badger); *Taxidea* (American badger); *Spilogale* (spotted skunk); *Lutra* (otter); *Herpestes* (mongoose); *Hyaena* (striped hyaena); *Viverra* (civet); *Felis* (cat); *Felis* (=*Puma*) (mountain lion, cougar); *Panthera* (=*Leo*) (lion); *Panthera* (=*Tigris*) (tiger); *Panthera* (=*Jaguarius*) (jaguar); *Panthera* (panther, leopard); *Acinonyx* (cheetah)

Order **PINNIPEDIA**

Otaria (sea lion); *Zalophus* (Californian sea lion); *Odobenus* (walrus); *Phoca* (seal); *Halichoerus* (grey seal, Atlantic seal); *Mirounga* (elephant seal)

Order **TUBULIDENTATA**

Orycteropus (aardvark)

Order **PROBOSCIDEA**

Loxodonta (African elephant); *Elephas* (Asiatic elephant)

Order **HYRACOIDEA**

Dendrohyrax (tree hyrax); *Procavia* (coney)

Order **SIRENIA**

Dugong (dugong); *Trichechus* (manatee)

Order **PERISSODACTYLA**

Sub-order HIPPOMORPHA

Equus (horse, donkey, zebra)

Sub-order CERATOMORPHA

Tapirus (tapir); *Rhinoceros*, *Diceros*, *Ceratotherium* (rhinoceroses)

Order **ARTIODACTYLA**

Sub-order SUIFORMES

Sus (pig); *Tayassu* (peccary); *Phacochoerus* (wart hog); *Hippopotamus* (hippopotamus)

Sub-order TYLOPODA

Lama (= *Auchenia*) (llama, alpaca, vicuna, guanaco); *Camelus* (camel, dromedary)

Sub-order RUMINANTIA

Tragulus (chevrotain); *Moschus* (musk deer); *Dama* (fallow deer); *Cervus* (red deer, wapiti, American 'elk'); *Alces* (European elk, moose); *Rangifer* (reindeer, caribou); *Okapia* (okapi); *Giraffa* (giraffe); *Taurotragus* (eland); *Bubalus* (buffalo); *Bos* (cattle); *Bison* (bison, American 'buffalo'); *Hippotragus* (roan antelope); *Antilope* (Indian antelope); *Gazella* (gazelle); *Rupicapra* (chamois); *Ovibos* (musk ox); *Capra* (goat); *Ovis* (sheep) *Hydropotes* (Chinese water deer); *Hyemoschus* (water chevrotain); *Mazama* (brocket); *Odocoileus* (white-tailed deer); *Sika* (Japanese deer); *Muntiacus* (muntjak); *Elaphurus* (Père David's deer); *Antilocapra* (pronghorn); *Damaliscus* (hartebeeste)

APPENDIX I. FURTHER READING

THE classifications in Chapter III are based on the references given below, except in three cases: the Porifera by Hartman and Burton, the Platyhelminthes by Baer and Dawes, and the Bivalvia (Mollusca) by Cox. The references, which also contain detailed information about the systematics of the various groups, were compiled in consultation with the specialists mentioned in Appendix II. They differed in their approach, which explains why the list is, in some respects, heterogeneous. Another, but unimportant, cause of heterogeneity is the method of referring to articles in general textbooks such as Grassé's *Traité de Zoologie*. In the first two volumes (actually fascicules of this work, there are articles on the Protozoa by nine authors. These are referred to as Grassé (1952, 1953), and the same policy has been adopted in analogous cases. When one or only a few authors were concerned with a group, as in the case of the Polychaeta, the reference is given as Dawydoff (1959*a*) and not Grassé (1959).

Further references will be found in the books and papers listed below. The Zoological Record and Smart & Taylor (1953) are additional and invaluable sources of information.

PROTOZOA

General	Corliss (1962); Grassé (1952, 1953); Honigberg *et al.* (1964); Kudo (1954); Levine (1961); MacKinnon & Hawes (1961); Smart & Taylor (1953, pp. 4–16)
Ciliata	Corliss (1956–1962)
MESOZOA	Grassé (1961*b*); Hyman (1940); Stunkard (1954)
PORIFERA	Burton (1963; in Press); Hartman (1958); Hyman (1940, 1959); Jewell (1959)

CNIDARIA

General	Hyman (1940, 1959); Moore (1956)
Hydrozoa	Fraser (1937, 1944); Kramp (1961); Russell (1953); Totton (1954)
Scyphozoa	Mayer (1910)
Anthozoa	Carlgren (1949); Stephenson (1928, 1935); Vaughan & Wells (1943)

CTENOPHORA	Hyman (1940, 1959); Mayer (1912)

PLATYHELMINTHES

General	Baer (1951); Grassé (1961*a*); Hyman (1951*a*, 1959)
Turbellaria	Ferguson (1954); Luther (1955)
Cestoda	Wardle & McLeod (1952); Yamaguti (1959)
Trematoda	Dawes (1946); Dollfus (1958); La Rue (1957); Sproston (1946); Yamaguti (1958)

NEMERTINA	Coe (1943); Gontcharoff (1961); Hyman (1951*a*)

ASCHELMINTHES

Rotifera	de Beauchamp (1909); Edmondson (1959); Harring (1913); Remane (1929–1933); Voigt (1956–1957)
Gastrotricha	Brunson (1950, 1959); Hyman (1951*b*, 1959)
Echinoderida	Chitwood (1959*a*); Hyman (1951*b*, 1959); Lang (1949); Zelinka (1928)
Priapulida	Cuénot (1922*a*); Dawydoff (1959*c*); Hyman (1951*b*, 1959)
Nematomorpha	Chitwood (1959*b*); Hyman (1951*b*, 1959)
Nematoda	Chitwood & Allen (1959); Chitwood & Chitwood (1950); Goffart (1951); Goodey (1963); Thorne (1949); Yamaguti (1961)

ACANTHOCEPHALA	Baer (1961); Golvan (1958–1961); Hyman (1951*b*, 1959)
ENTOPROCTA	Brien (1959); Hyman (1951*b*, 1959)
POLYZOA	Bassler (1953); Brien (1960); Hyman (1959); Rogick (1959)
PHORONIDA	Dawydoff & Grassé (1959); Forneris (1957); Hyman (1959)

FURTHER READING

BRACHIOPODA de Beauchamp (1960*a*); Hyman (1959); Muir-Wood (1955, 1959); Roger (1952); Thomson (1927); Williams (1956); Williams & Wright (1961)

MOLLUSCA

General Grassé (1960); Morton (1958); Thiele (1931, 1935)

Polyplacophora Fischer-Piette & Franc (1960*b*); Hoffmann (1929–1930); Tryon & Pilsbry (1892–1893)

Aplacophora Fischer-Piette & Franc (1960*a*); Hoffmann (1929)

Monoplacophora Lemche & Wingstrand (1960)

Gastropoda Hoffmann (1932–1940); Lemche (1948); Tesch (1946–1949)

Bivalvia Franc (1960)

Cephalopoda Adam (1952); Chun (1908, 1910); Robson (1929–1932); Sasaki (1929)

SIPUNCULA Hyman (1959); Tetry (1959)

ECHIURA Cuénot (1922*b*); Dawydoff (1959*b*)

ANNELIDA

General Grassé (1959)

Polychaeta Dawydoff (1959*a*); Fauvel (1923–1959); Tebble (1962)

Myzostomaria Prenant (1959); von Stummer-Traunfels (1926);

Oligochaeta Avel (1959); Cernosvitov & Evans (1947); Dawydoff (1959*a*); Goodnight (1959); Stephenson (1930)

Hirudinea Dawydoff (1959*a*); Harant & Grassé (1959); Harding (1910); Harding & Moore (1927); Mann (1962); Mann & Watson (1954); Moore (1959)

Archiannelida de Beauchamp (1959)

ARTHROPODA

General Manton (1949); Tiegs & Manton (1958)

Onychophora Bouvier (1905); Manton (1949, 1958); Zacher (1933)

Pauropoda Attems (1926*b*); Tiegs (1947); Verhoeff (1933)

Diplopoda Attems (1926*c*, 1937–1940); Manton (1954–1961); Verhoeff (1926–1932)

Chilopoda Attems (1926*d*–1930); Manton (in Press)

Symphyla Attems (1926*a*); Edwards (1959); Tiegs (1940); Verhoeff (1933)

Insecta Brues *et al.* (1954); Imms (1957); Kloet & Hincks (1945); Smart & Taylor (1953, pp. 42–73)

Crustacea

General Calman (1909); Kükenthal & Krumbach (1927); Waterman & Chace (1960, 1961)

Cephalocarida Sanders (1957)

Ostracoda Moore (1961)

Copepoda Wilson (1932)

Mystacocarida Delamare Deboutteville (1953)

Cirripedia Krüger (1940)

Malacostraca Bronn's (1940–1959)

Merostomata Fage (1949*a*)

Arachnida Arthur (1960, 1963); Baker & Wharton (1952); Beier (1932); Chamberlin (1931); Evans *et al.* (1961); Grassé (1949); Hughes (1959); Kaston & Kaston (1953); Locket & Millidge (1951, 1953); Nuttall *et al.* (1908–1926); Petrunkevitch (1928, 1949); Vachon (1952); Werner (1934–1935)

Pycnogonida Fage (1949*b*); Hedgpeth (1947); Helfer & Schlottke (1935)

Pentastomida Cuénot (1949*b*); Heymons (1935)

Tardigrada Cuénot (1949*a*); Marcus (1936, 1959)

CHAETOGNATHA de Beauchamp (1960*b*); Fraser (1957); Hyman (1959)

FURTHER READING

POGONOPHORA Hartman (1954); Hyman (1959); Ivanov (1960, 1963); Southward (1963)

ECHINODERMATA

General Clark (1962); Cuénot (1948); Hyman (1955); Nichols (1962)

Echinoidea Durham & Melville (1957); Mortensen (1928–1951)

CHORDATA

Hemichordata Burdon-Jones (1956); Dawydoff (1948); Hyman (1959)

Urochordata Berrill (1950); Harant (1948)

Cephalochordata Drach (1948); Franz (1922)

Vertebrata

Marsipobranchii Berg (1947); Fontaine (1958); Lagler *et al.* (1962); Norman & Greenwood (1963); Regan (1936)

Selachii Arambourg & Bertin (1958*a*); Berg (1947); Lagler *et al.* (1962); Norman & Greenwood (1963); Regan (1929*b*, 1936)

Bradyodonti Arambourg & Bertin (1958*b*); Berg (1947); Lagler *et al.* (1962); Norman & Greenwood (1963)

Pisces Berg (1947); Grassé (1958); Lagler *et al.* (1962); Norman & Greenwood (1963); Regan (1929*a*, 1936)

Amphibia

General Boulenger (1882); Darlington (1957); Noble (1931); Romer (1945); Smith (1931–1943)

Gymnophiona Nieden (1913)

Salientia Griffiths (1959); Nieden (1923, 1926)

Reptilia

General Bellairs (1957); Darlington (1957); Goin & Goin (1962); Parker (1963); Romer (1945, 1956); Smith (1931–1943)

Testudines Carr (1952); Loveridge & Williams (1957)

Squamata Bellairs & Underwood (1951); Boulenger (1885–1887); McDowell & Bogert (1954); Underwood (1954)

Crocodylia Wermuth & Mertens (1961)

Aves Mayr & Amadon (1951); Peters *et al.* (1931–1964 cont.); Stresemann (1959); Wetmore (1960)

Mammalia Grassé (1955); Simpson (1945)

APPENDIX II. ACKNOWLEDGMENTS

I am most grateful to those scientists, mentioned below, who were good enough to help me. R. B. Freeman gave invaluable help with Chapter III, as did Dr. J. Smart with the Insecta. In addition, I am indebted to George Rylands for advice about Chapter I and to Mrs. J. N. Thomson, who typed this book with exemplary patience and efficiency. I wish also to thank the Agricultural Research Council for support.

Ch. I	Prof. C. F. A. Pantin, F.R.S.; Dr. K. A. Joysey.
Ch. III	
PROTOZOA	Prof. J. O. Corliss; Dr. C. A. Hoare, D.Sc., F.R.S.
PORIFERA	Dr. M. Burton, D.Sc.; Dr. W. D. Hartman.
CNIDARIA	Dr. W. J. Rees, D.Sc.; Dr. F. S. Russell, C.B.E., D.Sc., F.R.S.; Dr. T. A. Stephenson, D.Sc., F.R.S.
CTENOPHORA	Dr. W. J. Rees, D.Sc.; Dr. F. S. Russell, C.B.E., D.Sc., F.R.S.
PLATYHELMINTHES	Prof. J. G. Baer; Prof. B. Dawes, D.Sc.; Mr. S. Prudhoe Dr. F. G. Rees.
NEMERTINA	Prof. C. F. A. Pantin, F.R.S.; Mr. S. Prudhoe.
ASCHELMINTHES	
Rotifera	Miss A. Edwards; Mr. A. L. Galliford.
Gastrotricha	Mr. S. Prudhoe.
Echinoderida	Mr. S. Prudhoe.
Priapulida	Mr. S. Prudhoe; Dr. A. C. Stephen.
Nematoda	Prof. B. G. Peters; Mr. S. Prudhoe.
Nematomorpha	Mr. S. Prudhoe.
ACANTHOCEPHALA	Mr. S. Prudhoe.
ENTOPROCTA	Dr. A. B. Hastings.
POLYZOA	Dr. A. B. Hastings.
BRACHIOPODA	Prof. G. Owen, D.Sc.; Dr. H. M. Muir-Wood, O.B.E., D.Sc.
MOLLUSCA	Dr. L. R. Cox, O.B.E., Sc.D., F.R.S.; Prof. A. Graham, D.Sc.; Dr. D. Parry; Dr. W. J. Rees, D.Sc.; Mr. D. L. F. Sealy; Prof. C. M. Yonge, C.B.E., F.R.S.
SIPUNCULA	Dr. A. C. Stephen; Dr. D. P. Wilson, D.Sc.
ECHIURA	Mr. R. W. Sims; Dr. A. C. Stephen; Dr. D. P. Wilson, D.Sc.
ANNELIDA	Dr. R. Phillips Dales; Miss A. Edwards; Dr. K. H. Mann; Dr. B. I. Roots; Mr. N. Tebble; Dr. D. P. Wilson, D.Sc.
ARTHROPODA	
Onychophora	Dr. G. O. Evans; Dr. S. M. Manton, Sc.D., F.R.S.
Pauropoda	Mr. J. G. Blower; Dr. G. O. Evans; Dr. J. G. Sheals.
Diplopoda	Mr. J. G. Blower; Dr. G. O. Evans; Dr. J. G. Sheals.
Chilopoda	Mr. J. G. Blower; Dr. R. E. Crabill; Dr. G. O. Evans; Dr. S. M. Manton, Sc.D., F.R.S.
Symphyla	Mr. J. G. Blower; Dr. G. O. Evans; Dr. J. G. Sheals.
Insecta	Dr. W. E. China, C.B.E., Sc.D., and the staff of the Entomology Department, the British Museum (Natural History); Dr. H. E. Hinton; Prof. O. W. Richards, F.R.S.; the Hon. Miriam Rothschild; Dr. G. Salt, F.R.S.; Dr. J. Smart, D.Sc.; Sir Vincent B. Wigglesworth, K.B.E., F.R.S.
Crustacea	Dr. I. Gordon, D.Sc.; Dr. J. Green; Dr. J. P. Harding.
Merostomata	Dr. G. O. Evans; Dr. J. G. Sheals.

ACKNOWLEDGMENTS

Arachnida	Dr. J. L. Cloudsley-Thompson; Dr. G. O. Evans; Dr. J. G. Sheals.
Pycnogonida	Dr. G. O. Evans; Dr. J. G. Sheals.
Pentastomida	Dr. J. L. Cloudsley-Thompson; Dr. G. O. Evans; Dr. J. G. Sheals.
Tardigrada	Dr. J. L. Cloudsley-Thompson; Dr. G. O. Evans; Dr. J. G. Sheals.
CHAETOGNATHA	Dr. F. S. Russell, C.B.E., D.Sc., F.R.S.
ECHINODERMATA	Miss A. M. Clark; Prof. J. E. Smith, F.R.S.; Dr. H. G. Vevers, M.B.E.
CHORDATA	
Hemichordata	Dr. C. Burdon-Jones.
Urochordata	Prof. N. J. Berrill, F.R.S.; Dr. R. H. Millar.
Cephalochordata	Dr. J. E. Webb, D.Sc.
Vertebrata	
Marsipobranchii	Mr. N. B. Marshall; Dr. E. Trewavas, D.Sc.
Selachii	Mr. N. B. Marshall; Dr. E. Trewavas, D.Sc.
Bradyodonti	Mr. N. B. Marshall; Dr. E. Trewavas, D.Sc.
Pisces	Mr. N. B. Marshall; Dr. E. Trewavas, D.Sc.
Amphibia	Miss A. G. C. Grandison.
Reptilia	Mr. J. C. Battersby, B.E.M.
Aves	Dr. T. R. Clay, D.Sc.; Mr. I. C. J. Galbraith; Mr. R. P. D. Goodwin; Dr. W. H. Thorpe, Sc.D., F.R.S.
Mammalia	Dr. P. Crowcroft; Mr. R. W. Hayman; Dr. W. C. Osman Hill, M.D., F.R.S.E.; Mr. G. B. Stratton, M.B.E., A.L.S.

APPENDIX III. REFERENCES

ADAM, W. (1952) Céphalopodes. *Expédition Océanographique Belge dans les Eaux Côtières Africaines de l'Atlantique Sud (1948–1949)*, **3**, Fasc. 3.

ARAMBOURG, C. & BERTIN, L. (1958*a*) In *Traité de Zoologie*,^{1} **13**, Fasc. 3, 2016–2056.

—— (1958*b*) In *Traité de Zoologie*, **13**, Fasc. 3, 2057–2067.

ARTHUR, D. R. (1960) *Ticks, A Monograph of the Ixodoidea*. Part V. Cambridge University Press.

—— (1963) *British Ticks*. Butterworths, London.

ATTEMS, C.

—— (1926*a*) *Handb. Zool., Berl.*, **4**, 1, 11–19.

—— (1926*b*) *Handb. Zool., Berl.*, **4**, 1, 20–28.

—— (1926*c*) *Handb. Zool., Berl.*, **4**, 1, 29–238.

—— (1926*d*) *Handb. Zool., Berl.*, **4**, 1, 239–402.

—— (1929) *Tierreich*, Lief. 52.

—— (1930) *Tierreich*, Lief. 54.

—— (1937–1940) *Tierreich*, Liefn. 68, 69 & 70.

AVEL, M. (1959) In *Traité de Zoologie*, **5**, Fasc. 1, 224–470.

BAER, J. G. (1951) *Ecology of Animal Parasites*. University of Illinois Press, Urbana.

—— (1961) In *Traité de Zoologie*, **4**, Fasc. 1, 731–782.

BAKER, E. W. & WHARTON, G. W. (1952) *An Introduction to Acarology*. Macmillan, New York.

BASSLER, R. S. (1953) In *Treatise on Invertebrate Paleontology*,^{2} Part G, *Bryozoa*.

DE BEAUCHAMP, P. M. (1909) Recherches sur les Rotifères. Les Formations Tégumentaires et l'Appareil Digestif. *Arch. Zool. exp. gén.*, ser. 4, **10**, 1–410.

DE BEAUCHAMP, P. (1959) In *Traité de Zoologie*, **5**, Fasc. 1, 197–223.

—— (1960*a*) In *Traité de Zoologie*, **5**, Fasc. 2, 1380–1430.

—— (1960*b*) In *Traité de Zoologie*, **5**, Fasc. 2, 1500–1520.

BEIER, M. (1932) *Tierreich*, Liefn. 57–58.

BELLAIRS, A. d'A. (1957) *Reptiles*. Hutchinson, London.

—— & UNDERWOOD, G. (1951) The Origin of Snakes. *Biol. Rev.*, **26**, 193–237.

BERG, L. S. (1947) *Classification of Fishes, both Recent and Fossil*. J. W. Edwards, Ann Arbor, Michigan.

BERRILL, N. J. (1950) *The Tunicata*. London, printed for the Ray Society.

BOULENGER, G. A. (1882) *Catalogue of the Batrachia Gradientia S. Caudata and Batrachia Apoda in the Collection of the British Museum*, 2nd edition. London, printed for the Trustees of the British Museum.

—— (1885–1887) *Catalogue of the Lizards in the British Museum (Natural History)*. London, printed for the Trustees of the British Museum.

BOUVIER, E. (1905) Monographie des Onychophores. *Ann. Sci. nat., Zool.*, (9), **2**.

BRIEN, P. (1959) In *Traité de Zoologie*, **5**, Fasc. 1, 927–1007.

—— (1960) In *Traité de Zoologie*, **5**, Fasc. 2, 1053–1335.

BRONN'S *Klassen* (1940–1959) **5**, Abt. 1, B. 4–7.

BRUES, C. T., MELANDER, A. L. & CARPENTER, F. M. (1954) Classification of Insects: Keys to the Living and Extinct Families of Insects, and to the Living Families of other Terrestrial Arthropods. *Bull. Mus. comp. Zool. Harv.*, **108**.

BRUNSON, R. B. (1950) An Introduction to the Taxonomy of the Gastrotricha with a Study of Eighteen Species from Michigan. *Trans. Amer. micr. Soc.*, **69**, 325–352.

—— (1959) In *Fresh-water Biology*,^{3} 406–419.

BURDON-JONES, C. (1956) *Handb. Zool., Berl.*, **3** (2, Supp.), 57–78.

^{1} i.e. Grassé, P.-P. *Traité de Zoologie*. Masson, Paris.

^{2} i.e. Moore, R. C. *Treatise on Invertebrate Paleontology*. Geological Society of America & University of Kansas Press.

^{3} i.e. Edmondson, W. T. *Fresh-water Biology*. (Ward & Whipple). John Wiley, New York.

REFERENCES

BURTON, M. (1963) *A Revision of the Classification of the Calcareous Sponges.* London, printed for the Trustees of the British Museum.

—— (in Press) *British Sponges.* London, printed for the Ray Society.

CALMAN, W. T. (1909) *A Treatise on Zoology* (ed. Sir Ray Lankester), Part 7, *Crustacea.* Adam & Charles Black, London.

CARLGREN, O. (1949) A Survey of the Ptychodactiaria, Corallimorpharia and Actiniaria. *K. svenska Vetensk Akad. Handl.* (4), **1**, 1.

CARR, A. (1952) *Handbook of Turtles. The Turtles of the United States, Canada and Baja California.* Comstock Publishing Associates, New York.

CERNOSVITOV, L. & EVANS, A. C. (1947) Lumbricidae (Annelida). The Linnaean Society of London, Synopses of the British Fauna, No. 6.

CHAMBERLIN, J. C. (1931) The Arachnid order Chelonethida. *Stanford Univ. Publ. (Biol. Sci.),* **7**, No. 1.

CHITWOOD, B. G. (1959*a*) The Classification of the Phylum Kinorhyncha. *Proc. int. Congr. Zool.,* **15**, 941–943.

—— (1959*b*) In *Fresh-water Biology*, 402–405.

—— & ALLEN, M. W. (1959) In *Fresh-water Biology*, 368–401.

—— & CHITWOOD, M. B. (1950) *An Introduction to Nematology.* Monumental Printing Company.

CHUN, C. (1908) Über Cephalopoden der Deutschen Tiefsee-Expedition. *Zool. Anz.,* **33**, 86–89.

—— (1910) Die Cephalopoden. I. Oegopsida. *Wiss. Ergebn.* '*Valdivia*', **18**, 1–402.

CLARK, A. M. (1962) *Starfishes and their Relations.* London, printed for the Trustees of the British Museum.

COE, W. R. (1943) Biology of the Nemerteans of the Atlantic Coast of North America. *Trans. Conn. Acad. Arts Sci.,* **35**, 129–328.

CORLISS, J. O. (1956) On the Evolution & Systematics of Ciliated Protozoa. *Systematic Zoology*, **5**, 68–91, 121–140.

—— (1957) Nomenclatural History of the Higher Taxa in the Sub phylum Ciliophora. *Arch. Protistenk.,* **102**, 113–146.

—— (1959) An Illustrated Key to the Higher Groups of the Ciliated Protozoa with Definition of Terms. *J. Protozoology*, **6**, 265–284.

—— (1961) *The Ciliated Protozoa. Characterization, Classification and Guide to the Literature.* Pergamon Press, Oxford.

—— (1962) Taxonomic Procedures in Classification of Protozoa. *Symp. Soc. gen. Microbiol.,* No. 12, *Microbial Classification*, 37–67.

CUÉNOT, L. (1922*a*) *Faune Fr.,* **4**, 25.

—— (1922*b*) *Faune Fr.,* **4**, 18–24.

—— (1948) In *Traité de Zoologie*, **11**, 3–363.

—— (1949*a*) In *Traité de Zoologie*, **6**, 39–59.

—— (1949*b*) In *Traité de Zoologie*, **6**, 61–75.

DARLINGTON, P. J. (1957) *Zoogeography: The Geographical Distribution of Animals.* John Wiley, New York.

DAWES, B. (1946) *The Trematoda*, Cambridge University Press.

DAWYDOFF, C. (1948) In *Traité de Zoologie*, **11**, 367–499.

—— (1959*a*) In *Traité de Zoologie*, **5**, Fasc. 1, 594–686.

—— (1959*b*) In *Traité de Zoologie*, **5**, Fasc. 1, 855–907.

—— (1959*c*) In *Traité de Zoologie*, **5**, Fasc. 1, 908–926.

—— & GRASSÉ, P.-P. (1959) In *Traité de Zoologie*, **5**, Fasc. 1, 1008–1053.

DELAMARE DEBOUTTEVILLE, CL. (1953) Recherches sur l'écologie et la répartition du Mystacocaride *Derocheilocaris remanei* Delamare et Chappuis, en Mediterranée. *Vie et Milieu.* **4**, 321–380.

DOLLFUS, R. PH. (1958) Cour d'Helminthologie. I. Trématodes, sous-classe Aspidogastrea. *Ann. Parasit. hum. comp.,* **33**, 305–395.

REFERENCES

DRACH, P. (1948) In *Traité de Zoologie*, **11**, 931–1037.

DURHAM, J. W. & MELVILLE, R. V. (1957) A Classification of Echinoids. *J. Paleont.*, **31**, 242–272.

EDMONDSON, W. T. (1959) In *Fresh-water Biology*, 420–494.

EDWARDS, C. A. (1959) A Revision of the British Symphyla. *Proc. zool. Soc. Lond.*, **132**, 403–439.

EVANS, G. O., SHEALS, J. G. & MACFARLANE, D. (1961) *The Terrestrial Acari of the British Isles*. Vol. I. *Introduction and Biology*. London, printed for the Trustees of the British Museum.

FAGE, L. (1949*a*) In *Traité de Zoologie*, **6**, 219–262.

—— (1949*b*) In *Traité de Zoologie*, **6**, 906–941.

FAUVEL, P. (1923) *Faune Fr.*, **5**.

—— (1927) *Faune Fr.*, **16**.

—— (1959) In *Traité de Zoologie*, **5**, Fasc. 1, 13–196.

FERGUSON, F. F. (1954) Monograph of the Macrostomine Worms [*sic*] of Turbellaria. *Trans. Amer. micr. Soc.*, **73**, 137–164.

FISCHER-PIETTE, E. & FRANC, A. (1960*a*) In *Traité de Zoologie*, **5**, Fasc. 2, 1655–1700.

—— —— (1960*b*) In *Traité de Zoologie*, **5**, Fasc. 2, 1701–1785.

FISHER, W. K. (1950) The Sipunculid Genus *Phascolosoma*. *Ann. Mag. nat. Hist.* (12), **3**, 547–552.

FONTAINE, M. (1958) In *Traité de Zoologie*, **13**, Fasc. 1, 13–172.

FORNERIS, L. (1957) Phoronidea. *Fiches d'identification du zooplancton*, Sheet 69. Conseil international pour l'exploration de la mer.

FRANC, A. (1960) In *Traité de Zoologie*, **5**, Fasc. 2, 1845–2133.

FRANZ, V. (1922) Kurzer Bericht über systematische Acranierstudien. *Zool. Anz.*, **54**, 241–249.

FRASER, C. McL. (1937) *Hydroids of the Pacific Coast of Canada and the United States*. University of Toronto Press.

—— (1944) *Hydroids of the Atlantic Coast of North America*. University of Toronto Press.

FRASER, J. H. (1957) Chaetognatha. *Fiches d'identification du zooplancton*, Sheet 1 (1st revision). Conseil international pour l'exploration de la mer.

GOFFART, H. (1951) *Nematoden der Kulturpflanzen Europas*. Paul Parey, Berlin.

GOIN, C. J. & GOIN, O. B. (1962) *Introduction to Herpetology*. W. H. Freeman, San Francisco & London.

GOLVAN, Y. J. (1958–1961) Le Phylum des Acanthocephala. *Ann. Parasit. hum. comp.*, **33**, 538–602; **34**, 5–52; **35**, 138–165, 350–386, 575–593, 713–723; **36**, 76–91, 612–647, 717–736.

GONTCHAROFF, M. (1961) In *Traité de Zoologie*, **4**, Fasc. 1, 783–886.

GOODEY, J. B. (1963) *Soil and Freshwater Nematodes*. Methuen, London.

GOODNIGHT, C. J. (1959) In *Fresh-water Biology*, 522–537.

GRASSÉ, P.-P. (1949) In *Traité de Zoologie*, **6**, 263–892.

—— (1952, 1953) *Traité de Zoologie*, **1**, Fascs. 1–2.

—— (1955) *Traité de Zoologie*, **17**, Fascs. 1–2.

—— (1958) *Traité de Zoologie*, **13**, Fascs. 1–3.

—— (1959) In *Traité de Zoologie*, **5**, Fasc. 1, 1–686.

—— (1960) In *Traité de Zoologie*, **5**, Fasc. 2, 1623–2164.

—— (1961*a*) In *Traité de Zoologie*, **4**, Fasc. 1, 21–692.

—— (1961*b*) In *Traité de Zoologie*, **4**, Fasc. 1, 693–729.

GRIFFITHS, I. (1959) The Phylogeny of *Sminthillus limbatus* and the Status of the Brachycephalidae (Amphibia Salientia). *Proc. zool. Soc. Lond.*, **132**, 457–487.

GURNEY, R. (1933) *British Fresh-water Copepoda*, Vol. 3. London, printed for the Ray Society.

HARANT, H. (1948) In *Traité de Zoologie*, **11**, 895–919.

—— & GRASSÉ, P.-P. (1959) In *Traité de Zoologie*, **5**, Fasc. 1, 471–593.

HARDING, W. A. (1910) A Revision of the British Leeches. *Parasitology*, **3**, 130–201.

HARDING, W. A. & MOORE, J. P. (1927) *The Fauna of British India. Hirudinea*. Taylor & Francis, London.

REFERENCES

Harring, H. K. (1913) Synopsis of the Rotatoria. *Bull. U.S. nat. Mus.*, **81**.
Hartman, O. (1954) Pogonophora Johansson, 1938. *Systematic Zoology*, **3**, 183–185.
Hartman, W. D. (1958) A Re-examination of Bidder's Classification of the Calcarea. *Syst. Zool.*, **7**, 97–110.
Hedgpeth, J. W. (1947) On the Evolutionary Significance of the Pycnogonida. *Smithson. misc. Coll.*, **106**, 18.
Helfer, H. & Schlottke, E. (1935) *Bronn's Klassen*, **5**, Abt. 4, B.2, 1–314.
Heymons, R. (1935) *Bronn's Klassen*, **5**, Abt. 4, B.1.
Hoffmann, H. (1929) *Bronn's Klassen*, **3**, Abt. 1, 1–134.
—— (1929–1930) *Bronn's Klassen*, **3**, Abt. 1, 135–382.
—— (1932–1940) *Bronn's Klassen*, **3**, Abt. 2, B.3.
Honigberg, B. M. *et al.* (1964) A Revised Classification of the Phylum Protozoa. *J. Protozoa.*, **II** (1), 7–20.
Hughes, T. E. (1959) *Mites, or the Acari*. University of London, The Athlone Press.
Hyman, L. H. (1940) *The Invertebrates.*^{1} Vol. I. *Protozoa through Ctenophora*.
—— (1951a) *The Invertebrates*. Vol. II. *Platyhelminthes and Rhynchocoela*.
—— (1951b) *The Invertebrates*. Vol. III. *Acanthocephala, Aschelminthes and Entoprocta*.
—— (1955) *The Invertebrates*. Vol. IV. *Echinodermata*.
—— (1959) *The Invertebrates*. Vol. V. *Smaller Coelomate Groups*.
Imms, A. D. (1957) *A General Textbook of Entomology*. Methuen, London.
Ivanov, A. V. (1960) In *Traité de Zoologie*, **5**, Fasc. 2, 1521–1622.
—— (1963) *Pogonophora*. Academic Press, London.
Jewell, M. (1959) In *Fresh-water Biology*, 298–312.
Johnson, S. (1755) *A Dictionary of the English Language*. W. Strahan, London.
Kaston, B. J. & Kaston, E. (1953) *How to know the Spiders*. W. C. Brown, Dubuque, Iowa.
Kloet, G. S. & Hincks, W. D. (1945) *A Check List of British Insects*. Kloet & Hincks, Stockport.
Kramp, P. L. (1961) Synopsis of the Medusae of the World. *J. mar. biol. Ass. U.K.*, **40**, 1–469.
Krüger, P. (1940) *Bronn's Klassen*, **5**, Abt. 1, B.3, 1–560.
Kudo, R. R. (1954) *Protozoology*. C. C. Thomas, U.S.A.
Kükenthal, W. & Krumbach, T. (1927) *Handb. Zool., Berl.*, **3**, 1, 277–1158.
Lagler, K. F., Bardach, J. E. & Miller, R. R. (1962) *Ichthyology*. John Wiley, New York.
Lang, K. (1949) Echinoderida. *Further zool. Res. Swed. Antarct. Exp.*, **4**, Part 2.
La Rue, G. R. (1957) The Classification of Digenetic Trematoda. A Review and a new System. *Exp. Parasit.*, **6**, 306–349.
Lemche, H. (1948) Northern and Arctic Tectibranch Gastropods. I. The Larval Shells. II. A Revision of the Cephalaspid Species. *K. danske vidensk. Selsk., biol.*, **5**, 3.
Lemche, H. & Wingstrand, K. G. (1960) In *Traité de Zoologie*, **5**, Fasc. 2, 1787–1821.
Levine, N. D. (1961) *Protozoan Parasites of Domestic Animals and of Man*. Burgess Publ. Co., Minneapolis.
Locket, G. H. & Millidge, A. F. (1951, 1953) *British Spiders*. London, printed for the Ray Society.
Loveridge, A. & Williams, E. E. (1957) Revision of the African Tortoises and Turtles of the Sub order Cryptodira. *Bull. Mus. comp. Zool. Harv.*, **115**, 163–557.
Luther, A. (1955) Die Dalyelliiden (Turbellaria Neorhabdocoela). Eine Monographie. *Acta zool. fenn.*, **87**.
MacKinnon, D. L. & Hawes, R. S. J. (1961) *An Introduction to the Study of Protozoa*. Clarendon Press, Oxford.
Mann, K. H. (1962) *Leeches (Hirudinea): Their Structure, Physiology, Ecology and Embryology*. (With an appendix on the Systematics of Marine Leeches by Professor E. W. Knight-Jones.) Pergamon Press, Oxford.
—— & Watson, E. V. (1954) A Key to the British Freshwater Leeches. *Freshwater Biological Association Scientific Publication* No. 14.

---

^{1} i.e. Hyman, L. H. *The Invertebrates*. McGraw-Hill, New York.

MANTON, S. M. (1949) Studies on the Onychophora, VII. *Phil. Trans.* (*B.*), **233**, 483–580.

MANTON, S. M. (1954–1961) The Evolution of Arthropodan Locomotory Mechanisms, Parts 4–7. *J. Linn. Soc.* (*Zool.*), **42**, 299–368; **43**, 153–187, 487–556; **44**, 383–462.

—— (1958) Habits of Life and Evolution of Body Design in Arthropoda. *J. Linn. Soc.* (*Zool.*), **44**, 58–72.

—— (in Press) The Evolution of Arthropodan Locomotory Mechanisms, Part 8. *J. Linn. Soc.* (*Zool.*).

MARCUS, E. (1936) *Tierreich*, Lief. 66.

—— (1959) In *Fresh-water Biology*, 508–521.

MAYER, A. G. (1910) Medusae of the World. The Scyphomedusae. *Publ. Carneg. Instn.*, No. 109, **3**, 499–735.

—— (1912) Ctenophores of the Atlantic Coast of North America. *Publ. Carneg. Instn.*, No. 162.

MAYR, E. & AMADON, D. (1951) A Classification of Recent Birds. *Amer. Mus. Novit.*, No. 1496.

—— LINSLEY, E. G. & USINGER, R. L. (1953) *Methods and Principles of Systematic Zoology*. McGraw-Hill, New York.

MCDOWELL, S. B. & BOGERT, C. M. (1954) The Systematic Position of *Lanthanotus* and the Affinities of the Anguinomorphan Lizards. *Bull. Amer. Mus. nat. Hist.*, **105**, 1, 1–142.

MOORE, J. P. (1959) In *Fresh-water Biology*, 542–557.

MOORE, R. C. (1956) *Treatise on Invertebrate Paleontology*, Part F, Coelenterata.

—— (1961) *Treatise on Invertebrate Paleontology*, Part Q, Anthropoda 3, Crustacea, Ostracoda.

MORTENSEN, TH. (1928–1951) *A Monograph of the Echinoidea*. C. A. Reitzel, Copenhagen.

MORTON, J. E. (1958) *Molluscs*. Hutchinson, London.

MUIR-WOOD, H. M. (1955) *A History of the Classification of the Phylum Brachiopoda*. London, printed for the Trustees of the British Museum.

—— (1959) Report on the Brachiopoda of the John Murray Expedition. *Sci. Rep.*, **10**, 6. London, printed for the Trustees of the British Museum.

NEAVE, S. A. (1939–1950) *Nomenclator Zoologicus*. The Zoological Society of London.

NICHOLS, D. (1962) *Echinoderms*. Hutchinson University Library, London.

NIEDEN, FR. (1913) *Tierreich*, Lief. 37.

—— (1923, 1926) *Tierreich*, Liefn. 46 & 49.

NOBLE, G. K. (1931) *The Biology of the Amphibia*. McGraw-Hill, New York.

NORMAN, J. R. & GREENWOOD, P. H. (1963) *A History of Fishes*. Benn, London.

NUTTALL, G. H. F., WARBURTON, C., COOPER, W. F. & ROBINSON, L. E. (1908–1926) *Ticks. A Monograph of the Ixodoidea*. Cambridge University Press.

PARKER, H. W. (1963) *Snakes*. Robert Hale, London.

PETERS, J. L. *et al.* (1931–1964 continuing) *Check-list of Birds of the World*. Harvard University Printing Office, Cambridge, U.S.A.

PETRUNKEVITCH, A. (1928) Systema Aranearum. *Trans. Conn. Acad. Arts Sci.*, **29**, 1–270.

—— (1949) A Study of Palaeozoic Arachnida. *Trans. Conn. Acad. Arts Sci.*, **37**, 69–315.

PRENANT, M. (1959) In *Traité de Zoologie*, **5**, Fasc. 1, 714–784.

REGAN, C. T. (1929*a*) In *Encyclopaedia Britannica*, 14th edition (actual), London, **9**, 305–328.

—— (1929*b*) In *Encyclopaedia Britannica*, 14th edition, London, **20**, 292–295.

—— (1936) *Natural History*. Ward, Lock, London.

REID, D. M. (1925) *Animal Classification and Distribution*. Charles Griffin, London.

REMANE, A. (1929–1933) *Bronn's Klassen*, **4**, Abt. 2, B.1, Teil 1, Liefn. 1–4.

ROBSON, G. C. (1929–1932) *A Monograph of the Recent Cephalopoda*, Parts I & II. London, printed for the Trustees of the British Museum.

ROGER, J. (1952) In *Traité de Paléontologie* (ed. J. Piveteau), **2**, 3–160. Masson, Paris.

ROGICK, M. D. (1959) In *Fresh-water Biology*, 495–507.

ROMER, A. S. (1945) *Vertebrate Paleontology*, 2nd edition. University of Chicago Press, Chicago.

—— (1956) *Osteology of the Reptiles*. University of Chicago Press, Chicago.

REFERENCES

Russell, F. S. (1953) *The Medusae of the British Isles*. Cambridge University Press.

Sanders, H. L. (1957) The Cephalocarida and Crustacean Phylogeny. *Systematic Zoology*, **6**, 112–128.

Sasaki, M. (1929) A Monograph of the Dibranchiate Cephalopods of the Japanese and Adjacent Waters. *J. Fac. Agric. Hokkaido Univ.*, Suppl. to Vol. 20, 1928.

Simpson, G. G. (1945) The Principles of Classification and a Classification of Mammals. *Bull. Amer. Mus. nat. Hist.*, **85**.

Smart, J. & Taylor, G. (1953) *Bibliography of Key Works for the Identification of British Fauna and Flora*. The Systematics Association, London.

Smith, M. A. (1931–1943) *Reptilia and Amphibia. The Fauna of British India*, **1–3**. Taylor & Francis, London.

Southward, E. C. (1963) Pogonophora. *Oceanogr. Mar. Biol. Ann. Rev.*, **1**, 405–428.

Spector, W. S. (1956) *Handbook of Biological Data*. W. B. Saunders, Philadelphia & London.

Sproston, N. G. (1946) A Synopsis of the Monogenetic Trematodes. *Trans. zool. Soc. Lond.*, **25**, 185–600.

Stephenson, J. (1930) *The Oligochaeta*. Clarendon Press, Oxford.

Stephenson, T. A. (1928, 1935) *The British Sea Anemones*. London, printed for the Ray Society.

Stresemann, E. (1959) The Status of Avian Systematics and its Unsolved Problems. *Auk*, **76**, 269–280.

Stummer-Traunfels, R. von (1926) *Handb. Zool., Berl.*, **3**, 1 (2), 132–210.

Stunkard, H. W. (1954) Life-history and Systematic Relations of the Mesozoa. *Quart. Rev. Biol.*, **29**, 230–244.

Tebble, N. (1962) The Distribution of Pelagic Polychaetes across the North Pacific Ocean. *Bull. Brit. Mus. (nat. Hist.), Zool.* **7** (9), 371–492.

Tesch, J. J. (1946) The Thecosomatous Pteropods. I. The Atlantic. *Dana Rep.*, **28**.

—— (1948) The Thecosomatous Pteropods. II. The Indo-Pacific. *Dana Rep.*, **30**.

—— (1949) Heteropoda. *Dana Rep.*, **34**.

Tetry, A. (1959) In *Traité de Zoologie*, **5**, Fasc. 1, 785–854; mlxviii–mlxxxi.

Thiele, J. (1931, 1935) *Handbuch der Systematischen Weichtierkunde*. Gustav Fischer, Jena.

Thomson, J. (1927) Brachiopod Morphology and Genera (Recent and Tertiary). *Man. N. Zeal. Board Sci. & Art, No. 7*. Wellington, N. Zealand.

Thorne, G. (1949) On the Classification of the Tylenchida, new order (Nematoda, Phasmidia). *Proc. helm. Soc. Wash.*, **16**, 37–73.

Tiegs, O. W. (1940) The Embryology and Affinities of the Symphyla, based on a study of *Hanseniella agilis*. *Quart. J. micr. Sci.*, **82**, 1–225.

—— (1947) The Development and Affinities of the Pauropoda, based on a study of *Pauropus silvaticus*. *Quart. J. micr. Sci.*, **88**, 165–267, 275–336.

—— & Manton, S. M. (1958) The Evolution of the Arthropoda. *Biol. Rev.*, **33**, 255–337.

Totton, A. K. (1954) Siphonophora of the Indian Ocean, together with Systematic and Biological Notes on Related Specimens from other Oceans. '*Discovery*' *Rep.*, **27**, 7–162.

Tryon, G. W. & Pilsbry, H. A. (1892–1893) Monograph of the Polyplacophora. *Manual Conch.*, **14**, 15.

Underwood, G. (1954) On the Classification and Evolution of the Geckos. *Proc. zool. Soc. Lond.*, **124**, 469–492.

Vachon, M. (1952) *Études sur les Scorpions*. Institut Pasteur d'Algérie, Alger.

Vaughan, T. W. & Wells, J. W. (1943) Revision of the Sub orders, Families, and Genera of the Scleractinia. *Geological Society of America Special Paper* No. 44.

Verhoeff, K. W. (1926–1932) *Bronn's Klassen*, **5**, Abt. 2, B.2.

—— (1933) *Bronn's Klassen*, **5**, Abt. 2, B.3 (1).

Voigt, M. (1956–1957) *Rotatoria*. Die Rädertiere Mitteleuropas. Gebrüder Borntraeger, Berlin-Nikolassee.

Wardle, R. A. & McLeod, J. A. (1952) *The Zoology of Tapeworms*. University of Minnesota Press, Minneapolis.

REFERENCES

WATERMAN, T. H. & CHACE, F. A. (1960, 1961) *The Physiology of Crustacea*, Vols. I & II. Academic Press, New York & London.

WERMUTH, H. & MERTENS, R. (1961) *Schildkröten. Krokodile Bruckenechsen*. Gustav Fischer, Jena.

WERNER, F. (1934–1935) *Bronn's Klassen*, **5**, Abt. 4, B.8.

WETMORE, A. (1960) A Classification for the Birds of the World. *Smithson. misc. Coll.*, **139**, No. 11.

WILLIAMS, A. (1956) The Calcareous Shell of the Brachiopoda and its Importance to their Classification. *Biol. Rev.*, **31**, 243–287.

—— & WRIGHT, A. D. (1961) The Origin of the Loop in Articulate Brachiopods. *Palaeont. Lond.*, **4**, 2, 149–176.

WILSON, C. B. (1932) The Copepods of the Woods Hole Region, Massachusetts. *Bull. U.S. nat. Mus.*, No. 158.

YAMAGUTI, S. (1958) *Systema Helminthum*. Vol. I. *The Digenetic Trematodes of Vertebrates*. Interscience Publishers, New York.

—— (1959) *Systema Helminthum*. Vol. II. *The Cestodes of Vertebrates*. Interscience Publishers, New York.

—— (1961) *Systema Helminthum*. Vol. III. *The Nematodes of Vertebrates*. Interscience Publishers, New York.

ZACHER, F. (1933) *Handb. Zool., Berl.*, **3**, Teil 4, 79–138.

ZELINKA, K. (1928) *Monographie der Echinodera*. Wilhelm Engelmann, Leipzig.

ANIMAL AND GROUP INDEX

ALTHOUGH this Section should be used as an Index, it also provides an abbreviated classification of all genera mentioned. When there are sub-orders in Chapter III, sub-orders and not orders are given after genera in the Index, to help the reader find the genus in which he is interested. Normally, for example in papers, the order and not the sub-order is mentioned when referring to an animal which is not well known.

Starred genera occur in the Index and *not* in Chapter III. When such entries have synonyms worth mentioning, they follow the preferred name, e.g.

*Caretta (=*Thallassochelys*), Cryptodira, 42

because there is no other way of finding out that the synonym exists. This does not apply to unstarred entries, as these will also be found in Chapter III, in which some synonyms are mentioned.

aardvark (*Orycteropus*), Tubulidentata, 47
abalone (*Haliotis*), Archaeogastropoda, 22
Abbotina, Cyprinoidei, 38
Ablepharus, Sauria, 42
Abothrium, Pseudophyllidea, 14
Abra, Heterodonta, 24
Abramis, Cyprinoidei, 38
Acanthamoeba, Amoebina, 7
Acanthephyra, Natantia, 32
Acanthias, see *Squalus*
Acanthis, Passeres, 45
Acanthobdella, Acanthobdellida, 25
Acanthobdellida, 25
Acanthobothrium, Tetraphyllidea, 15
Acanthocephala, 20–21
Acanthocephalus, Palaeacanthocephala, 20
Acanthocheilonema, Spirurida, 19
Acanthochondria, Lernaeopodoida, 31
Acanthocottus, Scorpaenoidei, 40
Acanthocotyle, Acanthocotyloidea, 14
Acanthocotyloidea, 14
Acanthocyclops, Cyclopoida, 30
Acanthocystis, Heliozoa, 7
Acanthodesia, Cheilostomata, 21
Acanthodiaptomus, Calanoida, 30
Acanthodoris, Nudibranchia, 23
Acanthogobius, Gobioidei, 40
Acantholeberis, Cladocera, 30
Acanthometra, Radiolaria, 7
Acanthopagrus, see *Mylio*
Acanthophis, Serpentes, 43
Acanthopterygii, 39 (footnote)
Acanthorhodeus, Cyprinoidei, 38
Acanthosolenia, Coccolithophorida, 6
Acanthosphaera, Radiolaria, 7
Acanthotelphusa, Reptantia, 32
Acanthuroidei, 39
Acanthurus, Acanthuroidei, 39
Acara, see *Aequidens*
Acarapis, Acari, 33
Acari, 33
Acartia, Calanoida, 30
Acarus, Acari, 33
Acavus, Stylommatophora, 23
Accipiter, Falconiformes, 44
Accipitres, see Flaconiformes, 44
Acera, see *Akera*
Acerentulus, Protura, 27
Aceria, Acari, 33
Acerina, Percoidei, 39
Acetes, Natantia, 32
Achaearanea, Araneae, 33
Achatina, Stylommatophora, 23
Achatinella, Stylommatophora, 23
Acheilognathus, Cyprinoidei, 38
Achelia, Ascorhynchomorpha, 33
Acherontia, Ditrysia, 29
Acheta, Ensifera, 27
Achipteria, Acari, 33
Acholoe, Polychaeta, 25
Achroia, Ditrysia, 29
Achtheres, Lernaeopodoida, 31
Acidalia, see *Argyreus*
—, see *Scopula*
Acilius, Adephaga, 29
Acineta, Suctorida, 8
Acineta, see Suctorida, 8
Acinonyx, Carnivora, 47
Acipenser, Chondrostei, 37
Acipenseriformes, see Chondrostei, 37
Acmaea, Archaeogastropoda, 22
Acoela, 13, 23
Acomatacarus, Acari, 33
Acomys, Myomorpha, 46
acorn worms (Enteropneusta), 35
Acotylea, 14

Acrania, see Cephalochordata, 36
Acricotopus, see *Cricotopus*
Acris, Procoela, 42
Acrocephalus, Passeres, 45
Acrocheilus, Cyprinoidei, 38
Acrocnida, Ophiurae, 35
Acroloxus, Basommatophora, 23
Acronicta, Ditrysia, 29
Acroperus, Cladocera, 30
Acropora, Scleractinia, 13
Acrothoracica, 31
Acrotus, Malacichthyes, 41
Acrydium, see *Tetrix*
Acteocina, Pleurocoela, 23
Acteon, Pleurocoela, 23
Actinia, Actiniaria, 13
Actiniaria, 13
Actinistia, 41
Actinoloba, see *Metridium*
Actinolophus, Heliozoa, 7
Actinomonas, Heliozoa, 7
Actinomyxidia, 8
Actinophrys, Heliozoa, 7
Actinopoda, 7
Actinopyga, Aspidochirota, 34
Actinosphaerium, Heliozoa, 7
Actinulida, 12
Actitis, Charadriiformes, 44
Aculus, Acari, 33
Adacna, Heterodonta, 24
Adalaria, Nudibranchia, 23
Adalia, Polyphaga, 29
Adamsia, Actiniaria, 13
adder (*Vipera*), Serpentes, 43
Adeleidea, 8
Adelges, Homoptera, 28
Adelina, Adeleidea, 8
Adephaga, 29
Adineta, Bdelloidea, 17
Adocia, Poecilosclerida, 11
Aechmophorus, Podicipediformes, 43
Aedes, Nematocera, 29
Aegina, Narcomedusae, 12
Aegypius, Falconiformes, 44
Aegyptianella, Haemosporidia, 8
Aelurostrongylus, Strongylina, 18
Aeolidia, Nudibranchia, 23
Aeolidiella, see *Eolidina*
Aeolosoma, Oligochaeta, 25
Aequidens (= *Acara*), Percoidei, 39
Aequipecten, Anisomyaria, 23
Aequorea, Thecata, 12
Aeshna, Anisoptera, 27

Aetheria, see *Etheria*
Aetobatus (= *Stoasodon*), Bartoidei, 37
Aetomyleus, Batoidei, 37
African East Coast cattle fever (*Theileria*), Sporozoa (end), 8
African elephant (*Loxodonta*), Proboscidea, 47
African ground squirrel (*Xerus*), Sciuromorpha, 46
African tree monkeys (*Cercopithecus*), Simiae, 46
Agalma, Siphonophora, 12
Agama, Sauria, 42
Agamomermis, Dorylaimina, 19
Agapornis, Psittaciformes, 44
Agelaioides, see *Molothrus*
Agelastica, Polyphaga, 29
Agelena, Araneae, 33
Agkistrodon (= *Ancistrodon*), Serpentes, 43
Aglantha, Trachymedusae, 12
Aglaophenia, Thecata, 12
Agnatha, see Marsipobranchii, 36
Agonostomus, Mugiloidei, 40
Agrammus, Scorpaenoidei, 40
Agriolimax, see *Deroceras*
Agrion, Zygoptera, 27
Agriotes, Polyphaga, 29
Agrotis, Ditrysia, 29
Ailia, Siluroidei, 39
Ailichthys, Siluroidei, 39
Ailuropoda, Carnivora, 47
Ailurus, Carnivora, 47
Aix, Anseriformes, 43
Akera (= *Acera*), Pleurocoela, 23
Alabes, Alabetoidei, 41
Alabetoidei, 41
Alaria, Digenea, 15
Alasmidonta, Heterodonta, 24
Alauda, Passeres, 45
albatross (*Diomedea*), Procellariiformes, 43
Albertia, Ploima, 18
Albula, Clupeoidei, 38
Alburnus, Cyprinoidei, 38
Alca, Charadriiformes, 44
Alcedo, Coraciiformes, 44
Alces, Ruminantia, 48
Alcippe, Acrothoracica, 31
Alcyonacea, 12
Alcyonella, see *Plumatella*
Alcyonidium, Ctenostomata, 21
Alcyonium, Alcyonacea, 12
alder fly (*Sialis*), Megaloptera, 28

*Alderia, Sacoglossa, 23
*Aldrichetta, Mugiloidei, 40
Alectrion, Stenoglossa, 23
Alepisauroidei, 38
Alepisaurus, Alepisauroidei, 38
Alepocephalus, Clupeoidei, 38
Alestes, Characoidei, 38
Aleyrodes, Homoptera, 28
Allantosoma, Suctorida, 8
Allepeira, Araneae, 33
Alligator, Crocodylia, 43
alligator (*Alligator*), Crocodylia, 43
Allocentrotus, Echinoida, 34
Allocreadium, Digenea, 15
Allodermanyssus, see *Liponyssoides*
Alloeocoela, 13
Allogona, Stylommatophora, 23
Allogromia, Testacea, 7
Allolobophora, Oligochaeta, 25
Alloposus, Octopoda, 24
Alloteuthis, Decapoda, 24
Allothrombium, Acari, 33
Allotriognathi, 39
Alomasoma, Echiurida, 24
Alona, Cladocera, 30
Alosa, Clupeoidei, 38
Alouatta, Simiae, 46
alpaca (*Lama*), Tylopoda, 48
Alpheus, Natantia, 32
Alsophis, Serpentes, 43
Alytes, Opisthocoela, 42
Amalosoma, Echiurida, 24
Amalthea, see *Hipponyx*
Amaroucium, see *Aplidium*
Amathia, Ctenostomata, 21
Amazilia, Apodiformes, 44
Ambassis, Percoidei, 39
Ambloplites, Percoidei, 39
Amblyomma, Acari, 33
Amblyopsis, Amblyopsoidei, 39
Amblyopsoidei, 39
Amblypharyngodon, Cyprinoidei, 38
Amblypygi, 32
Ambystoma, Ambystomatoidea, 42
Ambystomatoidea, 42
Ameiurus, Siluroidei, 39
American badger (*Taxidea*), Carnivora, 47
American 'buffalo' (*Bison*), Ruminantia, 48
American 'elk' (*Cervus*), Ruminantia, 48

American flying squirrel (*Glaucomys*), Sciuromorpha, 46
American fruit bat (*Artibeus*), Microchiroptera, 45
American ground squirrel (*Citellus*), Sciuromorpha, 46
American opossum (*Didelphis*), Marsupialia, 45
American whelk (*Busycon*), Stenoglossa, 23
Ametabola, see Apterygota, 26
Amia, Protospondyti, 37
Ammodytes, Percoidei, 39
Ammophila, Apocrita, 30
Amnicola, Mesogastropoda, 22
Amoeba, Amoebina, 7
amoebic dysentery (*Entamoeba*), Amoebina, 7
Amoebina, 7
Amoebosporidia, see Cnidosporidia, 8
Amorpha, Ditrysia, 29
Ampelisca, Amphipoda, 32
Ampharete, Polychaeta, 25
Amphelocheirus^1, see *Aphelocheirus*
Amphibdella, Capsaloidea, 14
Amphibia, 41–42
amphibious leech (*Trocheta*), Gnathobdellida, 25
Amphicoela, 42
Amphictene, Polychaeta, 25
Amphidesma, see *Semele*
Amphidiscophora, 10
Amphidiscosa, 10
Amphidromus, Stylommatophora, 23
Amphihelia, see *Madrepora*
Amphileptus, Rhabdophorina, 8
Amphilina, Amphilinidea, 14
Amphilinidea, 14
Amphimerus, Digenea, 15
Amphineura, 22 (footnote)
Amphinome, Polychaeta, 25
Amphiodia, Ophiurae, 35
Amphioxus, see *Branchiostoma*
Amphipholis, Ophiurae, 35
Amphipnous, Synbranchoidei, 41
Amphipoda, 32
Amphiporus, Monostylifera, 17
Amphisbaena, Sauria, 42
Amphisbetia, Thecata, 12
Amphiscolops, Acoela, 13
Amphitretus, Octopoda, 24

^{1} *Amphelocheirus* is a misprint for *Aphelocheirus*, not a synonym. As synonyms, preceded by an equals sign, are put in brackets after the correct name, misprints such as *Amphelocheirus* are not mentioned after the correct name.

*Amphitrite, Polychaeta, 25
Amphiuma, Salamandroidea, 42
Amphiura, Ophiurae, 35
*Ampullaria, see Pila
*Amyciaea, Araneae, 33
Amyda, see Trionyx
Anabantoidei, 40
Anabas, Anabantoidei, 40
Anableps, Cyprinodontoidei, 39
*Anabrus, Ensifera, 27
Anacanthini, 39
*Anadara, Eutaxodonta, 23
*Anago, Apodes, 39
Anamorpha, 26
*Anapagurus, Reptantia, 32
Anarhichas, Blennioidei, 40
Anas, Anseriformes, 43
Anasa, Heteroptera, 28
Anaspidacea, 31
Anaspides, Anaspidacea, 31
Anatina, see Laternula
Anatonchus, Enoplina, 19
*Anatrichosoma, Dorylaimina, 19
Anax, Anisoptera, 27
*Anchistioides, Natantia, 32
*Anchitrema, Digenea, 15
*Anchoa, Clupeoidei, 38
*Anchoviella, Clupeoidei, 38
Ancistrocoma, Thigmotrichida, 9
*Ancistrodon, see Agkistrodon
Ancistrum, Thigmotrichida, 9
Ancistrus, Siluroidei, 39
*Ancula, Nudibranchia, 23
Ancylastrum, Basommatophora, 23
*Ancylis, Ditrysia, 29
Ancylostoma, Strongylina, 18
Ancylus, Basommatophora, 23
*Andrena, Apocrita, 30
*Androctonus, Scorpiones, 32
*Aneides, Salamandroidea, 42
*Aneitea, Stylommatophora, 23
anemones, sea (Actiniaria), 13
Anemonia, Actiniaria, 13
angel-fish (Squatina), Squaloidei, 37
angel-fishes (Pleurotremata), 37
*Angiostrongylus, Strongylina, 18
angler (Lophius), Lophioidei, 41
anglerfishes, deep-sea (Ceratioidei), 41
Anguilla, Apodes, 39
Anguilliformes, see Apodes, 39
*Anguillula, Rhabditina, 18
Anguilluloidea, see Rhabditoidea, 20
Anguina, Tylenchida, 19
Anguis, Sauria, 42
Anhima, Anseriformes, 43
Anhinga, Pelecaniformes, 43
ani (Crotophaga), Cuculiformes, 44
*Aniculus, Reptantia, 32
Anilocra, Isopoda, 32
*Anisakis, Ascaridina, 18
Anisolabis, Forficulina, 28
Anisomyaria, 23
Anisoplia, Polyphaga, 29
Anisoptera, 27
Anisozygoptera, 27
*Anisus, Basommatophora, 23
Annelida, 25
Annulata, see Annelida, 25
*Anobrium, Polyphaga, 29
*Anocentor, Acari, 33
Anodon, see Anodonta
Anodonta, Heterodonta, 24
*Anoetus, Acari, 33
Anolis, Sauria, 42
*Anomalocardia, Heterodonta, 24
Anomalops, Berycomorphi, 39
Anomalurus, Sciuromorpha, 46
Anomia, Anisomyaria, 23
Anomocoela, 42
*Anomotaenia, Cyclophyllidea, 15
Anopheles, Nematocera, 29
Anopla, 17
Anoplodactylus, Nymphonomorpha, 33
Anoplophrya, Astomatida, 9
Anoplophryinea, see Astomatida, 9
Anoplura, 28
*Anopoploma, Scorpaenoidei, 40
Anoptichthys, Characoidei, 38
*Anosia, see Danaus
Anostraca, 30
*Anotheca, Procoela, 42
*Ansates (=Patina), Archaeogastropoda, 22
Anser, Anseriformes, 43
*Anseranas, Anseriformes, 43
Anseriformes, 43
Anseropoda, Spinulosa, 35
ant (Formica), Apocrita, 30
ant lion fly (Myrmeleon), Planipennia, 29
antbird (Formicarius), Tyranni, 45
anteater, giant (Myrmecophaga),
Edentata, 46
—, lesser (Tamandua), Edentata, 46
—, scaly (Manis), Pholidota, 46
—, spiny (Tachyglossus), Monotremata, 45
Antechinomys, Marsupialia, 45
Antedon, Articulata, 34

antelope, Indian (*Antilope*), Ruminantia, 48
—, roan (*Hippotragus*), Ruminantia, 48
Antennarioidei, 41
Antennarius, Antennarioidei, 41
*Antennophorus, Acari, 33
Anthea, see *Anemonia*
*Antheraea, Ditrysia, 29
*Anthobothrium, Tetraphyllidea, 15
Anthocidaris, Echinoida, 34
*Anthocoris, Heteroptera, 28
Anthomedusae, see Athecata, 12
*Anthophora, Apocrita, 30
*Anthopleura, Actiniaria, 13
Anthozoa, 12–13
*Anthrenus, Polyphaga, 29
Anthropoidea, see Simiae, 46
Anthropopithecus, see *Pan*
*Anthus, Passeres, 45
Antillogorgia, Gorgonacea, 12
Antilocapra, Ruminantia, 48
Antilope, Ruminantia, 48
Antipatharia, 12
Antipathes, Antipatharia, 12
ants, white (Isoptera), 27
Anura, see Salientia, 42
Anuraea, see *Keratella*
*Anuraphis, Homoptera, 28
Anurida, Arthropleona, 26
*Anyphaena, Araneae, 33
*Anystis, Acari, 33
Apaloderma, Trogoniformes, 44
*Apanteles, Apocrita, 30
*Apatemon, Digenea, 15
*Apeltes, Thoracostei, 40
Aphaenogaster, Apocrita, 30
Aphaniptera, see Siphonaptera, 30
*Aphanius, Cyprinodontoidei, 39
Aphanopus, Trichiuroidei, 40
Aphanostoma, Acoela, 13
Aphasmidia, 19
*Aphelasterias, Forcipulata, 35
Aphelenchoides, Tylenchida, 19
*Aphelenchulus, Tylenchida, 19
*Aphelinus, Apocrita, 30
Aphelocheirus, Heteroptera, 28
*Aphidius (=*Lysiphlebus*), Apocrita, 30
Aphis, Homoptera, 28
Aphredoderus, Salmopercae, 39
Aphrocallistes, Hexactinosa, 10
Aphrodite, Polychaeta, 25
*Aphrophora, Homoptera, 28
Apis, Apocrita, 30
Apistobuthus, Scorpiones, 32

Aplacophora, 22
Aplidium, Aplousobranchiata, 36
*Aplocheilus, Cyprinodontoidei, 39
*Aplodinotus, Percoidei, 39
Aplodontia, Sciuromorpha, 46
Aplousobranchiata, 36
Aplysia, Pleurocoela, 23
Aplysilla, Dendroceratida, 10
Aplysina, see *Verongia*
Apocrita, 30
Apoda, 34
—, see Gymnophiona, 41
Apodemus, Myomorpha, 46
Apodes, 39
Apodiformes, 44
*Apogon, Percoidei, 39
*Apolocystis, Eugregarina, 7
Aporhynchus, Tetrarhynchoidea, 15
*Aporia, Ditrysia, 29
Apororhynchus, Archiacanthocephala, 20
Aporrhais, Mesogastropoda, 22
Apostomatida, 9
*Apotettix, Caelifera, 28
Appendicularia, Copelata, 36
Apseudes, Tanaidacea, 31
Aptenodytes, Sphenisciformes, 43
Aptera, see Diplura, 27
*Apteronotus, Gymnotoidei, 38
Apterygiformes, 43
Apterygota, 26–27
Apteryx, Apterygiformes, 43
Apus, Apodiformes, 44
—, see *Triops*
*Aquila, Falconiformes, 44
Arachnida, 32–33
*Arachnomorpha, Polyphaga, 29
Arachnula, Testacea, 7
Araeolaimoidea, 19
Aramus, Gruiformes, 44
Araneae, 33
Araneus, Araneae, 33
Arapaima, Osteoglossoidei, 38
Arbacia, Arbacioida, 34
Arbacioida, 34
Arca, Eutaxodonta, 23
Arcella, Testacea, 7
*Archaea, Araneae, 33
Archaeogastropoda, 22
Archiacanthocephala, 20
Archiannelida, 25
*Archidoris, Nudibranchia, 23
Archigregarina, 7
Archilochus, Apodiformes, 44

Architeuthis, Decapoda, 24
Archostemata, 29
*Arcopagia, Heterodonta, 24
*Arctia, Ditrysia, 29
Arctica, Heterodonta, 24
Arctocebus, Prosimii, 46
*Arctocephalus, Pinnipedia, 47
*Arctodiaptomus, Calanoida, 30
*Arctogadus, Anacanthini, 39
Arctomys, see *Marmota*
*Arctonoe, Polychaeta, 25
*Arctosa, Araneae, 33
Ardea, Ciconiiformes, 43
Ardeiformes, see Ciconiiformes, 43
*Ardeola, Ciconiiformes, 43
*Arengus, Clupeoidei, 38
Arenicola, Polychaeta, 25
*Arenophilus, Geophilomorpha, 26
Areosoma, Echinothurioida, 34
Argas, Acari, 33
*Argeia, Isopoda, 31
*Argentina, Salmonoidei, 38
*Argobuccinum, Mesogastropoda, 22
Argonauta, Octopoda, 24
Argulus, Branchiura, 31
*Argynnis, Ditrysia, 29
*Argyreus (= *Acidalia*), Ditrysia, 29
*Argyroneta, Araneae, 33
*Argyropelecus, Stomiatoidei, 38
*Argyrosomus, see *Pseudosciaena*
Argyrotheca, Terebratelloidea, 22
*Aricia, Ditrysia, 29
*—, see *Helina*
*—, see *Monetaria*
*—, see *Orbinia*
*Ariolimax, Stylommatophora, 23
Arion, Stylommatophora, 23
*Ariophanta, Stylommatophora, 23
*Aristichthys, Cyprinoidei, 38
*Arius, Siluroidei, 39
Arixenia, Arixeniina, 28
Arixeniina, 28
Armadillidium, Isopoda, 32
armadillo (*Dasypus*), Edentata, 46
—, giant (*Priodontes*), Edentata, 46
*Armigerus, Basommatophora, 23
Armillifer, Porocephalida, 33
Armina, Nudibranchia, 23
*Arphia, Caelifera, 28
*Arrenurus, Acari, 33
*Arripis, Percoidei, 39
arrow worms (Chaetognatha), 33
*Artediellus, Scorpaenoidei, 40

Artemia, Anostraca, 30
Arthropleona, 26
Arthropoda, 25–33
Artibeus, Microchiroptera, 45
Articulata, 22, 34
Artiodactyla, 47–48
*Artiodiaptomus, Calanoida, 30
*Arvicanthis, Myomorpha, 46
Arvicola, Myomorpha, 46
*Ascalaphus, Planipennia, 29
Ascaphus, Amphicoela, 42
Ascaridia, Ascaridina, 18
Ascaridina, 18
Ascaris, Ascaridina, 18
Ascaroidea, 20
Aschelminthes, 17–19
Ascidia, Phlebobranchiata, 36
Ascidiacea, 36
Ascidicola, Notodelphyoida, 31
Ascidiella, Phlebobranchiata, 36
Ascoglossa, see Sacoglossa, 23
*Ascomorpha, Ploima, 18
Asconema, Lyssacinosa, 10
Ascorhynchomorpha, 33
Ascorhynchus, Ascorhynchomorpha, 33
Ascothoracica, 31
*Ascute, Clathrinida, 10
Ascyssa, Leucosoleniida, 10
Asellus, Isopoda, 32
Asiatic elephant (*Elephas*), Proboscidea, 47
Asio, Strigiformes, 44
*Aspergillum, see *Brechites*
Aspiculuris, Ascaridina, 18
Aspidisca, Hypotrichida, 9
Aspidobothria, see Aspidogastrea, 15
Aspidobranchia, see Archaeogastropoda, 22
Aspidochirota, 34
Aspidocotylea, see Aspidogastrea, 15
Aspidogaster, Aspidogastrea, 15
Aspidogastrea, 15
*Aspidontus, Blennioidei, 40
Aspidosiphon, Sipuncula, 24
Aspiriculata, 36
*Aspius, Cyprinoidei, 38
Asplanchna, Ploima, 18
*Aspredo, Siluroidei, 39
assassin bug (*Rhodnius*), Heteroptera, 28
*Assiminea, Mesogastropoda, 22
Assulina, Testacea, 7
*Astacopsis, Reptantia, 32
Astacus, Reptantia, 32
Astarte, Heterodonta, 24
*Astasia, Euglenoidina, 6

Asterias, Forcipulata, 35
Asterina, Spinulosa, 35
Asteroidea, 35
*Asterolecanium, Homoptera, 28
Asteronyx, Euryalae, 35
Astomatida, 9
Astriclypeus, Scutellina, 35
*Astroconger, Apodes, 39
Astrodisculus, Heliozoa, 7
Astronesthes, Stomiatoidei, 38
*Astronotus, Percoidei, 39
Astropecten, Phanerozona, 35
Astrosclerophora, 11
*Astroscopus, Percoidei, 39
Astur, see *Accipiter*
*Astyanax, Characoidei, 38
Astylosternus, Diplasiocoela, 42
Asymmetron, Cephalochordata, 36
Ateleopus, Chondrobrachii, 38
Ateles, Simiae, 46
Atelostomata, 35
*Athanas, Natantia, 32
Athecanephria, 33
Athecata, 12
Athelges, Isopoda, 32
*Atheresthes, Heterosomata, 40
Atherina, Mugiloidei, 40
*Atherinops, Mugiloidei, 40
*Atherinopsis, Mugiloidei, 40
*Atlanta, Mesogastropoda, 22
Atlantic seal (*Halichoerus*), Pinnipedia, 47
atlas moth (*Attacus*), Ditrysia, 29
Atolla, Coronatae, 12
Atoxoplasma, see *Lankesterella*
*Atractaspis, Serpentes, 43
Atrax, Araneae, 33
Atremata, 21
*Atrichornis, Menurae, 45
*Atrina, Anisomyaria, 23
Attacus, Ditrysia, 29
*Attagenus, Polyphaga, 29
Atubaria, Cephalodiscida, 36
*Atypus, Araneae, 33
Auchenia, see *Lama*
Aulacantha, Radiolaria, 7
Aulastoma, see *Haemopis*
Aulocystis, Lychniscosa, 10
Aulostomiformes, see Solenichthyes, 39
Aurelia, Semaeostomae, 12
Aurellia, see *Aurelia*
*Australorbis, Basommatophora, 23
*Austrobilharzia, Digenea, 15
*Austropotamobius, Reptantia, 32

*Autolytus, Polychaeta, 25
*Auxis, Scombroidei, 40
Aves, 43–45
Avicula, see *Pteria*
*Avicularia, Araneae, 33
*Axinella, Clavaxinellida, 10
axolotl (*Ambystoma*),
Ambystomatoidea, 42
*Aythya (=*Fuligula*, *Nyroca*),
Anseriformes, 43
Azorica, Lithistida, 10
*Azygia, Digenea, 15

B

Babesia, Sporozoa (end), 8
*Babirusa, see *Babyrousa*
baboon (*Papio*), Simiae, 46
*Babylonia, Stenoglossa, 23
*Babyrousa (=*Babirusa*), Suiformes, 47
backswimmer (*Notonecta*), Heteroptera, 28
*Bactronophorus, Desmodonta, 24
badger (*Meles*), Carnivora, 47
—, American (*Taxidea*), Carnivora, 47
*Badis, Percoidei, 39
*Baerietta, Cyclophyllidea, 15
Baetis, Ephemeroptera, 27
*Bagrus, Siluroidei, 39
bag-worm moth (*Psyche*), Ditrysia, 29
Bajulus, Dendroceratida, 10
Balaena, Mysticeti, 47
Balaeniceps, Ciconiiformes, 43
Balaenoptera, Mysticeti, 47
*Balaninus, Polyphaga, 29
Balanoglossus, Enteropneusta, 35
Balantidium, Trichostomatida, 8
Balanus, Thoracica, 31
*Balaustium, Acari, 33
Balistes, Balistoidei, 41
Balistoidei, 41
*Banasa, Heteroptera, 28
bandicoot (*Perameles*), Marsupialia, 45
bank vole (*Clethrionomys*), Myomorpha, 46
*Bankia, Desmodonta, 24
barbel (*Barbus*), Cyprinoidei, 38
barbet (*Capito*), Piciformes, 44
*Barbulanympha, Metamonadina, 7
Barbus, Cyprinoidei, 38
Barentsia, Pedicellinidae, 21
barnacle, goose (*Lepas*), Thoracica, 31
barnacles (Thoracica), 31
Barnea, Desmodonta, 24
barracuda (*Sphyraena*), Mugiloidei, 40
*Baseodiscus (=*Polia*), Heteronemertina, 17

basket stars (Ophiuroidea), 35
Basommatophora, 23
bass (*Morone*), Percoidei, 39
bat, American fruit (*Artibeus*), Microchiroptera, 45
—, brown (*Myotis*), Microchiroptera, 45
—, fruit (*Cynopterus*), Megachiroptera, 45
—, — (*Eidolon*), Megachiroptera, 45
—, — (*Epomophorus*), Megachiroptera, 45
bat, horseshoe (*Rhinolophus*), Microchiroptera, 45
—, serotine (*Eptesicus*), Microchiroptera, 45
bath sponge (*Spongia*), Dictyoceratida, 10
Bathyergus, Hystricomorpha, 47
Bathygobius, Gobioidei, 40
Bathylagus, Salmonoidei, 38
Bathymaster, Percoidei, 39
Bathynella, Bathynellacea, 31
Bathynellacea, 31
Bathyspadella, Chaetognatha, 33
Bathystoma, Percoidei, 39
Batillaria, Mesogastropoda, 22
Batoidei, 37
Batrachobdella, see *Batracobdella*
Batrachoidiformes, see Haplodoci, 41
Batracobdella (= *Batrachobdella*), Rhynchobdellida, 25
Bdella, Acari, 33
Bdellocephala, Paludicola, 14
Bdelloidea, 17
Bdellomorpha, see Bdellonemertina, 17
Bdellonemertina, 17
Bdellonyssus, see *Ornithonyssus*
Bdellostoma, see *Eptatretus*
Bdelloura, Maricola, 14
beaked whale (*Mesoplodon*), Odontoceti, 47
bear (*Ursus*), Carnivora, 47
—, polar (*Thalarctos*), Carnivora, 47
beard worms (Pogonophora), 33
beaver (*Castor*), Sciuromorpha, 46
—, mountain (*Aplodontia*), Sciuromorpha, 46
bed-bug (*Cimex*), Heteroptera, 28
bee, bumble (*Bombus*), Apocrita, 30
—, honey (*Apis*), Apocrita, 30
bee-eater (*Merops*), Coraciiformes, 44
beetle, Colorado (*Leptinotarsa*), Polyphaga, 29
—, flour (*Tribolium*), Polyphaga, 29
—, ground (*Carabus*), Adephaga, 29
—, stag (*Lucanus*), Polyphaga, 29
—, tiger (*Cicindela*), Adephaga, 29
—, water (*Dytiscus*), Adephaga, 29
beetles (Coleoptera), 29
Beguina (= *Trapezium*), Heterodonta, 24
Belone, Scomberesocoidei, 39
Beloniformes, see Synentognathi, 39
Belostoma, Heteroptera, 28
Bembex, Apocrita, 30
Bembicium, Mesogastropoda, 22
Berenicea, Cyclostomata, 21
Beroe, Beroida, 13
Beroida, 13
Berthella, Notaspidea, 23
Bertiella, Cyclophyllidea, 15
Berycomorphi, 39
Beryx, Berycomorphi, 39
Besnoitia, Sporozoa (end), 8
Betta, Anabantoidei, 40
Bettongia, Marsupialia, 45
Bibio, Nematocera, 29
bichir (*Polypterus*), Cladistia, 37
Bilharzia, see *Schistosoma*
Bilharziella, Digenea, 15
Bimastus, Oligochaeta, 25
Bioga, Serpentes, 43
Biomphalaria, Basommatophora, 23
Biomyxa, Testacea, 7
Bipalium, Terricola, 14
bird, frigate (*Fregata*), Pelecaniformes, 43
—, humming- (*Amazilia*), Apodiformes, 44
—, — (*Archilochus*), Apodiformes, 44
—, — (*Trochilus*), Apodiformes, 44
—, lyre- (*Menura*), Menurae, 45
—, oil (*Steatornis*), Caprimulgiformes, 44
—, secretary (*Sagittarius*), Falconiformes, 44
—, tropic (*Phaethon*), Pelecaniformes, 43
—, umbrella (*Cephalopterus*), Tyranni, 45
birds (Aves), 43–45
—, mouse (Coliiformes), 44
Birgus, Reptantia, 32
Birsteinia, Athecanephria, 33
Bison, Ruminantia, 48
bison (*Bison*), Ruminantia, 48
Bispira, Polychaeta, 25
Bithynia, see *Bulimus*
biting lice (Mallophaga), 28
Bitis, Serpentes, 43
Bittacus, Mecoptera, 29
bittern, sun- (*Eurypyga*), Gruiformes, 44
Bivalvia, 23–24
Blaberbus, Blattodea, 27
blackbird (*Turdus*), Passeres, 45
black corals (Antipatharia), 12
black-fish (*Dallia*), Haplomi, 38
black fly (*Simulium*), Nematocera, 29

black vulture (*Aegypius*), Falconiformes, 44
blackhead of poultry (*Histomonas*), Rhizomastigina, 7
Blaniulus, Julida, 26
*Blaps, Polyphaga, 29
*Blarina, Insectivora, 45
*Blastocrithidia, Protomonadina, 6
Blastodinium, Dinoflagellata, 6
Blastophaga, Apocrita, 30
Blatta, Blattodea, 27
Blattella, Blattodea, 27
Blattodea, 27
Blennioidei, 40
Blennius, Blennioidei, 40
blenny (*Blennius*), Blennioidei, 40
— (*Zoarces*), Blennioidei, 40
*Blepharipoda, Reptantia, 32
*Blepharisma, Heterotrichina, 9
*Blicca, Cyprinoidei, 38
Blissus, Heteroptera, 28
*Blitophaga, Polyphaga, 29
blowfly (*Calliphora*), Cyclorrhapha, 30
bluebottle (*Calliphora*), Cyclorrhapha, 30
blue whale (*Sibbaldus*), Mysticeti, 47
Boa, see *Constrictor*
boa (*Constrictor*), Serpentes, 43
*Boaedon, Serpentes, 43
boar-fish (*Capros*), Zeomorphi, 39
bocachica (*Prochilodus*), Characoidei, 38
Bodo, Protomonadina, 6
*Boeckella, Calanoida, 30
*Boiga (= *Dipsadomorphus*), Serpentes, 43
Bolina, see *Bolinopsis*
Bolinopsis, Lobata, 13
Bolitophila, Nematocera, 29
Boltenia, Stolidobranchiata, 36
*—, see *Oleacina*
*Bolteria, Heteroptera, 28
Bombina, Opisthocoela, 42
Bombinator, see *Bombina*
Bombus, Apocrita, 30
*Bombylius, Brachycera, 29
Bombyx, Ditrysia, 29
Bonellia, Echiurida, 24
bony fishes (Pisces), 37–41
book lice (Psocoptera), 28
*Boophilus, Acari, 33
boot-lace worm (*Lineus*), Heteronemertina, 17
*Bopyrina, Isopoda, 31
Bopyrus, Isopoda, 32
*Borborodes, see *Dalatias*
*Boreogadus, Anacanthini, 39
Boreus, Mecoptera, 29
Bos, Ruminantia, 48
*Bosellia, Sacoglossa, 23
Bosmina, Cladocera, 30
*Botaurus, Ciconiiformes, 43
Bothriocephaloidea, see Pseudophyllidea, 14
*Bothriocephalus, Pseudophyllidea, 14
*Bothrops, Serpentes, 43
Bothus, Heterosomata, 40
Botryllus, Stolidobranchiata, 36
bottle-nosed dolphin (*Tursiops*), Odontoceti, 47
bottle-nosed whale (*Hyperoodon*), Odontoceti, 47
*Bouchardia, Terebratelloidea, 22
Bougainvillea, Athecata, 12
Boveria, Thigmotrichida, 9
Bowerbankia, Ctenostomata, 21
bow-fins (Protospondyli), 37
Brachiata, see Pogonophora, 33
Brachionus, Ploima, 18
Brachiopoda, 21–22
Brachycera, 29
*Brachycoelium, Digenea, 15
*Brachydanio, Cyprinoidei, 38
*Brachydesmus, Polydesmida, 26
*Brachydontes, Anisomyaria, 23
*Brachyiulus, Julida, 26
*Brachymystax, Salmonoidei, 38
*Brachytrupes (= *Brachytrypes*), Ensifera, 27
*Brachytrypes, see *Brachytrupes*
*Bracon, see *Habrobracon*
*Bradybaena, Stylommatophora, 23
Bradyodonti, 37
Bradypus, Edentata, 46
*Brama, Percoidei, 39
Branchellion, Rhynchobdellida, 25
*Branchinecta, Anostraca, 30
*Branchiomma, Polychaeta, 25
Branchiopoda, 30
Branchiostoma, Cephalochordata, 36
Branchiotremata, see Hemichordata, 35
Branchipus, Anostraca, 30
Branchiura, 31
*Braula, Cyclorrhapha, 30
*Brechites (= *Aspergillum*), Desmodonta, 24
*Breviceps, Diplasiocoela, 42
*Brevicoryne, Homoptera, 28
*Brevisterna, Acari, 33
*Brevoortia, Clupeoidei, 38
Brisinga, Forcipulata, 35
Brissopsis, Spatangoida, 35
bristle-tails (Thysanura), 27

brittle stars (Ophiuroidea), 35
broadbills (Eurylaimi), 45
brocket (*Mazama*), Ruminantia, 48
Brosmius, Anacanthini, 39
*Brotia, Mesogastropoda, 22
brown bat (*Myotis*), Microchiroptera, 45
brown lacewing (*Hemerobius*),
Planipennia, 29
*Bruchus, Polyphaga, 29
*Bryobia, Acari, 33
*Bryodrilus, Oligochaeta, 25
Bryozoa, see Polyzoa, 21
Bubalus, Ruminantia, 48
bubble shell (*Bulla*), Pleurocoela, 23
— — (*Haminea*), Pleurocoela, 23
Bubo, Strigiformes, 44
Buccinum, Stenoglossa, 23
Bucco, Piciformes, 44
*Bucephalopsis, Digenea, 15
Bucephalus, Digenea, 15
Buceros, Coraciiformes, 44
budgerigar (*Melopsittacus*),
Psittaciformes, 44
*Buetschlia, Rhabdophorina, 8
buffalo (*Bubalus*), Ruminantia, 48
'—', American (*Bison*), Ruminantia, 48
Bufo, Procoela, 42
bug, assassin (*Rhodnius*),
Heteroptera, 28
—, bed- (*Cimex*), Heteroptera, 28
—, chinch (*Blissus*), Heteroptera, 28
—, needle (*Aphelocheirus*), Heteroptera, 28
—, squash (*Anasa*), Heteroptera, 28
Bugula, Cheilostomata, 21
*Bulimnea, Basommatophora, 23
Bulimus, Mesogastropoda, 22
*Bulinus, Basommatophora, 23
bull toad (*Megophrys*), Anomocoela, 42
Bulla, Pleurocoela, 23
bullhead (*Cottus*), Scorpaenoidei, 40
*Bullia, Stenoglossa, 23
bumble bee (*Bombus*), Apocrita, 30
*Bungarus, Serpentes, 43
*Bunocotyle, Digenea, 15
*Bunostomum, Strongylina, 18
*Burnupia, Basommatophora, 23
Bursaria, Heterotrichina, 9
bush baby (*Galago*), Prosimii, 46
bush cricket (*Tettigonia*), Ensifera, 27
*Buskia, Ctenostomata, 21
bustard (*Otis*), Gruiformes, 44
Busycon, Stenoglossa, 23
*Buteo, Falconiformes, 44

Buthus, Scorpiones, 32
butterfish (*Poronotus*), Stromateoidei, 40
butterfly, cabbage (*Pieris*), Ditrysia, 29
—, sea- (*Cavolina*), Pteropoda, 23
—, — (*Spiratella*), Pteropoda, 23
button-quail (*Turnix*), Gruiformes, 44
by-the-wind-sailor (*Velella*), Athecata, 12
*Bythinella, Mesogastropoda, 22
*Bythotrephes, Cladocera, 30

C

cabbage butterfly (*Pieris*), Ditrysia, 29
Caberea, Cheilostomata, 21
*Cabirops, Isopoda, 31
*Cacatua (=*Kakatoe*), Psittaciformes, 44
*Cacosternum, Diplasiocoela, 42
caddis flies (Trichoptera), 29
Cadulus, Scaphopoda, 23
Caecilia, Gymnophiona, 41
caecilians (Gymnophiona), 41
*Caecobarbus, Cyprinoidei, 38
*Caeculus, Acari, 33
*Caelatura, Heterodonta, 24
Caelifera, 28
Caenestheria, Conchostraca, 30
Caenis, Ephemeroptera, 27
Caenolestes, Marsupialia, 45
*Caenorhabditis, Rhabditina, 18
Caiman, Crocodylia, 43
caiman, South American (*Caiman*),
Crocodylia, 43
*Cairina, Anseriformes, 43
cake urchins (Clypeasteroida), 35
Calamoichthys, Cladistia, 37
*Calandra, see *Sitophilus*
Calanoida, 30
Calanus, Calanoida, 30
*Calappa, Reptantia, 32
Calcarea, 10
Calcaronea, 10
Calcinea, 10
Californian sea lion (*Zalophus*),
Pinnipedia, 47
*Caligodes, Caligoida, 31
Caligoida, 31
Caligus, Caligoida, 31
Caliphylla, Sacoglossa, 23
Calliactis, Actiniaria, 13
*Callianassa, Reptantia, 32
*Callichrous, Siluroidei, 39
*Callichthys, Siluroidei, 39
*Calligrapha, Polyphaga, 29
*Callimastix, Metamonadina, 7

Callinectes, Reptantia, 32
Callinera, Palaeonemertina, 17
*Calliobothrium, Tetraphyllidea, 15
Callionymoidei, 40
Callionymus, Callionymoidei, 40
*Calliopius, Amphipoda, 32
*Calliostoma, Archaeogastropoda, 22
Calliphora, Cyclorrhapha, 30
Callipus, Chordeumida, 26
*Callisaurus, Sauria, 42
Callithrix, Simiae, 46
*Callitroga, Cyclorrhapha, 30
*Callopora, Cheilostomata, 21
*Callorhinus, Pinnipedia, 47
Callorhynchicola, Chimaerocoloidea, 14
Callorynchus, Holocephali, 37
*Callosciurus, Sciuromorpha, 46
*Callulina, Diplasiocoela, 42
*Callyspongia, Haplosclerida, 11
*Caloglyphus, Acari, 33
Calopteryx, see *Agrion*
*Calotermes, Isoptera, 27
Calotes, Sauria, 42
*Calpensia, Cheilostomata, 21
Calyptoblastea, see Thecata, 12
*Calyptorhynchus, Psittaciformes, 44
*Calyptraea, Mesogastropoda, 22
Calyptrosphaera, Coccolithophorida, 6
Calyssozoa, see Entoprocta, 21
*Camallanus, Spirurida, 19
Cambala, Cambalida, 26
Cambalida, 26
Cambalomorpha, Cambalida, 26
Cambalopsis, Cambalida, 26
*Cambarellus, Reptantia, 32
Cambarus, Reptantia, 32
camel (*Camelus*), Tylopoda, 48
Camelus, Tylopoda, 48
*Camisia, Acari, 33
*Camnula, Caelifera, 28
*Campanularia, Thecata, 12
*Campeloma, Mesogastropoda, 22
Campodea, Diplura, 27
*Camponotus, Apocrita, 30
*Campostoma, Cyprinoidei, 38
*Camptocercus, Cladocera, 30
Cancellothyris, Terebratuloidea, 22
Cancer, Reptantia, 32
*Candacia, Calanoida, 30
Candona, Podocopa, 30
Canis, Carnivora, 47
*Canthidermis, Balistoidei, 41
*Canthocamptus, Harpacticoida, 31

*Capidomastus, Polychaeta, 25
Capillaria, Dorylaimina, 19
Capitella, Polychaeta, 25
Capito, Piciformes, 44
Capra, Ruminantia, 48
Caprella, Amphipoda, 32
Caprimulgiformes, 44
Caprimulgus, Caprimulgiformes, 44
Capros, Zeomorphi, 39
Capsala, Capsaloidea, 14
Capsaloidea, 14
capuchin (*Cebus*), Simiae, 46
*Capulus, Mesogastropoda, 22
capybara (*Hydrochoerus*),
Hystricomorpha, 47
Carabus, Adephaga, 29
*Caranx, Percoidei, 39
*Carassius, Cyprinoidei, 38
Carausius, Phasmida, 27
Carcharhinus, Galeoidei, 37
Carcharias, see *Odontaspis*
*Carcharodon, Galeoidei, 37
Carchesium, Peritrichida, 9
Carcinides, see *Carcinus*
Carcinonemertes, Monostylifera, 17
Carcinoscorpius, Xiphosura, 32
Carcinus, Reptantia, 32
*Cardisoma, Reptantia, 32
Cardita, Heterodonta, 24
Cardium, Heterodonta, 24
*Carduelis, Passeres, 45
*Carebara, Apocrita, 30
*Caretta (=*Thalassochelys*), Cryptodira, 42
Cariama, Gruiformes, 44
cariama (*Cariama*), Gruiformes, 44
caribou (*Rangifer*), Ruminantia, 48
*Caridina, Natantia, 32
Carinaria, Mesogastropoda, 22
Carmarina, see *Geryonia*
*Carmyerius, Digenea, 15
Carnivora, 47
Carnosa, see Homosclerophora, 11
carp (*Cyprinus*), Cyprinoidei, 38
*Carpiodes, Cyprinoidei, 38
*Carpocapsa, see *Laspeyresia*
*Carpoglyphus, Acari, 33
Carteria, Phytomonadina, 6
Carybdea, Cubomedusae, 12
*Carychium, Basommatophora, 23
Caryophyllaeus, Pseudophyllidea, 14
Caryophyllia, Scleractinia, 13
Caryophyllidea, 17
*Caspialosa, Clupeoidei, 38

*Cassidula, Basommatophora, 23
Cassiduloida, 35
*Cassidulus, Cassiduloida, 35
*Cassiopea, Rhizostomae, 12
*Cassis, Mesogastropoda, 22
cassowary (*Casuarius*), Casuariiformes, 43
*Castanotherium, Glomerida, 26
*Castnia, Ditrysia, 29
*Castor, Sciuromorpha, 46
Casuariiformes, 43
*Casuarius, Casuariiformes, 43
cat (*Felis*), Carnivora, 47
'—, native' (*Dasyurus*), Marsupialia, 45
Cataphracti, see Scleroparei, 40
*Catenula, Rhabdocoela, 13
catfish, electric (*Malapterurus*),
Siluroidei, 39
—, sea (*Anarhichas*), Blennioidei, 40
catfishes (Siluroidei), 39
*Cathartes, Falconiformes, 44
*Cathypna, see *Lecane*
*Catinella, Stylommatophora, 23
*Catla, Cyprinoidei, 38
*Catocala, Ditrysia, 29
*Catostomus, Cyprinoidei, 38
cattle (*Bos*), Ruminantia, 48
cattle fever, African East Coast (*Theileria*),
Sporozoa (end), 8
— —, Texas (*Babesia*), Sporozoa (end), 8
cattle rumen fluke (*Paramphistomum*),
Digenea, 15
Caudata, 41–42
*Caudina, Molpadonia, 34
*Caulleryella, Schizogregarina, 7
*Causus, Serpentes, 43
cave characin (*Anoptichthys*),
Characoidei, 38
*Cavernularia, Pennatulacea, 12
*Cavia, Hystricomorpha, 47
*Caviomonas, Chrysomonadina, 6
*Cavisoma, Palaeacanthocephala, 20
*Cavolina, Pteropoda, 23
*Cebus, Simiae, 46
*'cecropia', see *Samia*
*Celaenia, Araneae, 33
*Celerio, Ditrysia, 29
*Cellana, Archaeogastropoda, 22
*Cellaria, Cheilostomata, 21
*Celleporaria (= *Holoporella*),
Cheilostomata, 21
*Centetes, see *Tenrec*
centipedes (Chilopoda), 26
*Centrina, see *Oxynotus*

*Centroderes, Echinoderida, 18
*Centropages, Calanoida, 30
*Centrophorus (= *Lepidorhinus*),
Squaloidei, 37
*Centropomus, Percoidei, 39
*Centropus, Cuculiformes, 44
*Centropyge, Percoidei, 39
*Centropyxis, Testacea, 7
*Centrorhynchus, Palaeacanthocephala, 20
*Centroscyllium, Squaloidei, 37
*Centroscymnus, Squaloidei, 37
*Centrostephanus, Diadematoida, 34
*Centrotus, Homoptera, 28
*Centruroides, Scorpiones, 32
*Cepaea, Stylommatophora, 23
*Cepedea, Opalinina, 7
Cephalacanthoidei, 40
*Cephalacanthus, Cephalacanthoidei, 40
*Cephalobaena, Cephalobaenida, 33
Cephalobaenida, 33
*Cephalobus, Rhabditina, 18
Cephalocarida, 30
Cephalochordata, 36
*Cephalodasys, Macrodasyoidea, 18
*Cephalodella, Ploima, 18
Cephalodiscida, 36
*Cephalodiscus, Cephalodiscida, 36
*Cephalopholis, Percoidei, 39
*Cephalophus, Ruminantia, 48
Cephalopoda, 24
*Cephalopterus, Tyranni, 45
*Cephalothrix, Palaeonemertina, 17
*Cepheus, Acari, 33
*Cephus, Symphyta, 30
Ceractinomorpha, 10–11
*Ceramaster, Phanerozona, 35
*Cerastes, Serpentes, 43
Ceratioidei, 41
*Ceratiomyxa, Mycetozoa, 7
*Ceratitis, Cyclorrhapha, 30
*Ceratium, Dinoflagellata, 6
*Ceratocephale, Polychaeta, 25
*Ceratodes, see *Marisa*
Ceratodiformes, see Dipnoi, 41
*Ceratodus, see *Neoceratodus*
Ceratomorpha, 47
*Ceratomyxa, Myxosporidia, 8
*Ceratonereis, Polychaeta, 25
*Ceratophrys, Procoela, 42
*Ceratophyllus, Siphonaptera, 30
*Ceratoplana, Acotylea, 14
*Ceratoppia, Acari, 33
*Ceratoscopelus, Myctophoidei, 38

Ceratotherium, Ceratomorpha, 47
Ceratozetes, Acari, 33
Cerchneis, see *Falco*
Cercocebus, Simiae, 46
Cercomonas, Protomonadina, 6
Cercopis, Homoptera, 28
Cercopithecus, Simiae, 46
Cerebratulus, Heteronemertina, 17
Ceresa, Homoptera, 28
Cereus (= *Heliactis*), Actiniaria, 13
Ceriantharia, 12
Cerianthus, Ceriantharia, 12
Ceriantipatharia, 12
Ceriodaphnia, Cladocera, 30
Cerion, Stylommatophora, 23
Cerithidea, Mesogastropoda, 22
Cerithium, Mesogastropoda, 22
Cerna, see *Epinephelus*
Certonardoa, Phanerozona, 35
Cerura, Ditrysia, 29
Cervus, Ruminantia, 48
Cestida, 13
Cestoda, 14–15
Cestodaria, 14
Cestoidea, see Cestida, 13
Cestoplana, Acotylea, 14
Cestracion, see *Heterodontus*
Cestum, Cestida, 13
Cestus, see *Cestum*
Cetacea, 47
Cetomimus, Cetunculi, 38
Cetonia, Polyphaga, 29
Cetorhinus, Galeoidei, 37
Cetunculi, 38
Chabertia, Strongylina, 18
Chaenobryttus, Percoidei, 39
Chaenopsis, Blennioidei, 40
Chaetessa, Mantodea, 27
Chaetoderma, Chaetodermomorpha, 22
Chaetodermomorpha, 22
Chaetodipterus, Percoidei, 39
Chaetodon, Percoidei, 39
Chaetodontoplus, Percoidei, 39
Chaetogaster, Oligochaeta, 25
Chaetognatha, 33
Chaetonotoidea, 18
Chaetonotus, Chaetonotoidea, 18
Chaetopterus, Polychaeta, 25
chaffinch (*Fringilla*), Passeres, 45
Chagas' disease (*Schizotrypanum*), Protomonadina, 6
Chalastogastra, see Symphyta, 30
Chalcalburnus, Cyprinoidei, 38

chalcid fly (*Chalcis*), Apocrita, 30
Chalcides, Sauria, 42
Chalcis, Apocrita, 30
Chalina, see *Haliclona*
Chama, Heterodonta, 24
Chamaeleo, Sauria, 42
chameleon (*Chamaeleo*), Sauria, 42
chamois (*Rupicapra*), Ruminantia, 48
Channa, Channoidei, 40
Channoidei, 40
Chanos, Clupeoidei, 38
Chaoborus (= *Corethra*), Nematocera, 29
Chaos, Amoebina, 7
Chaperia, Cheilostomata, 21
char (*Salvelinus*), Salmonoidei, 38
characin, cave (*Anoptichthys*), Characoidei, 38
Characoidei, 38
Charadriiformes, 44
Charadrius, Charadriiformes, 44
Charax, Characoidei, 38
*—, see *Puntazzo*
Charinus, Amblypygi, 32
Charonia, Mesogastropoda, 22
Chasmodes, Blennioidei, 40
Chauliodus, Stomiatoidei, 38
cheetah (*Acinonyx*), Carnivora, 47
Cheilodactylus, Percoidei, 39
Cheilostomata, 21
Cheilotrema, Percoidei, 39
Cheiracanthium, Araneae, 33
Chela, Cyprinoidei, 38
Cheleutoptera, see Phasmida, 27
Chelicerata, 32 (footnote)
Chelidonichthys, Scorpaenoidei, 40
Chelifer, Pseudoscorpiones, 32
Chelodina, Pleurodira, 42
Chelonethi, see Pseudoscorpiones, 32
Chelonia, Cryptodira, 42
Chelonia, see Testudines, 42
Chelonus, Apocrita, 30
Chelura, Amphipoda, 32
Chelus, Pleurodira, 42
Chelydra, Cryptodira, 42
Chelyosoma, Phlebobranchiata, 36
Chermes, Homoptera, 28
Chernetes, see Pseudoscorpiones, 32
chevrotain (*Tragulus*), Ruminantia, 48
—, water (*Hyemoschus*), Ruminantia, 48
Cheyletiella, Acari, 33
Cheyletus, Acari, 33
Chicobolus, Spirobolida, 26
Chilina, Basommatophora, 23

*Chilo, Ditrysia, 29
Chilodochona, Chonotrichida, 8
Chilodonella, Cyrtophorina, 8
*Chilodus, Characoidei, 38
Chilognatha, 26
Chilomastix, Metamonadina, 7
Chilomonas, Cryptomonadina, 6
*Chiloplacus, Rhabditina, 18
Chilopoda, 26
*Chiloscyllium, Galeoidei, 37
Chimaera, Holocephali, 37
Chimaerocoloidea, 14
chimpanzee (*Pan*), Simiae, 46
chinch bug (*Blissus*), Heteroptera, 28
Chinchilla, Hystricomorpha, 47
chinchilla (*Chinchilla*), Hystricomorpha, 47
Chinese liver fluke disease (*Clonorchis*), Digenea, 15
Chinese water deer (*Hydropotes*), Ruminantia, 48
*Chioglossa, Salamandroidea, 42
*Chionoecetes, Reptantia, 32
chipmunk (*Tamias*), Sciuromorpha, 46
Chiridota, Apoda, 34
*Chirocentrus, Clupeoidei, 38
*Chirocephalopsis, Anostraca, 30
Chirocephalus, Anostraca, 30
Chirodropus, Cubomedusae, 12
*Chiroleptes, see *Cyclorana*
*Chiromys, see *Daubentonia*
*Chironex, Cubomedusae, 12
Chironomus, Nematocera, 29
Chiropsalmus, Cubomedusae, 12
Chiroptera, 45
*Chiroteuthis, Decapoda, 24
Chiton, Chitonida, 22
Chitonida, 22
*Chitra, Cryptodira, 42
*Chlaenius, Adephaga, 29
Chlamydodon, Cyrtophorina, 8
Chlamydomonas, Phytomonadina, 6
Chlamydophrys, Testacea, 7
Chlamydoselachus, Notidanoidei, 37
*Chlamydotheca, Podocopa, 30
*Chlamyphorus, Edentata, 46
*Chlamys, Anisomyaria, 23
*Chlidonophora, Terebratuloidea, 22
*Chloeopsis, see *Cloeon*
*Chloraema, see *Flabelligera*
Chloramoeba, Xanthomonadina, 6
*Chloris, Passeres, 45
Chlorogonium, Phytomonadina, 6
Chlorohydra, Athecata, 12

Chloromonadina, 6
Chloromyxum, Myxosporidia, 8
*Chlorophthalmus, Myctophoidei, 38
*Chlorops, Cyclorrhapha, 30
*Choanotaenia, Cyclophyllidea, 15
Chologaster, Amblyopsoidei, 39
Chondracanthus, Lernaeopodoida, 31
Chondrichthyes, see Selachii, 37
*Chondrilla, Choristida, 10
*Chondrina, Stylommatophora, 23
Chondrobrachii, 38
Chondropterygii, see Selachii, 37
Chondrosia, Choristida, 10
Chondrostei, 37
*Choniosphaera, Lernaeopodoida, 31
Chonopeltis, Branchiura, 31
Chonotrichida, 8
Chordata, 35–48
Chordeuma, Chordeumida, 26
Chordeumida, 26
Chordodes, Gordioidea, 18
*Chorinemus, Percoidei, 39
*Chorioptes, Acari, 33
Choristida, 10
*Chorophilus, see *Pseudacris*
Chorthippus, Caelifera, 28
*Chortophaga, Caelifera, 28
Chromadorida, 19
Chromadoroidea, 19
*Chromis, Percoidei, 39
Chromulina, Chrysomonadina, 6
*Chrosomus, Cyprinoidei, 38
Chrysamoeba, Chrysomonadina, 6
Chrysaora, Semaeostomae, 12
Chrysemys, Cryptodira, 42
*Chrysis, Apocrita, 30
Chrysochloris, Insectivora, 45
Chrysolina, Polyphaga, 29
Chrysomonadina, 6
Chrysopa, Planipennia, 29
*Chrysops, Brachycera, 29
Chthamalus, Thoracica, 31
Chthonius, Pseudoscorpiones, 32
Chydorus, Cladocera, 30
*Cicada, Homoptera, 28
cicada (*Magicicada*), Homoptera, 28
*Cichla, Percoidei, 39
*Cichlosoma, Percoidei, 39
Cicindela, Adephaga, 29
Ciconia, Ciconiiformes, 43
Ciconiiformes, 43
Cidaris, Cidaroida, 34
Cidaroida, 34

Ciliata, 8–9
Ciliophora, see Ciliata, 8
*Cilliba, Acari, 33
*Cimbex, Symphyta, 30
Cimex, Heteroptera, 28
*Cinetochilum, Peniculina, 8
Ciona, Phlobobranchiata, 36
*Cionella, see Cochlicopa
*Cipangopaludina, Mesogastropoda, 22
*Circotettix, Caelifera, 28
*Circus, Falconiformes, 44
*Cirolana, Isopoda, 31
Cirratulus, Polychaeta, 25
*Cirrhina, see Cirrhinus
*Cirrhinus (=Cirrhina), Cyprinoidei, 38
Cirripedia, 31
*Citellina, Ascaridina, 18
Citellus, Sciuromorpha, 46
*Citharinus, Characoidei, 38
*Citharus (=Eucitharus), Heterosomata, 40
*Cittotaenia, Cyclophyllidea, 15
civet (Viverra), Carnivora, 47
Cladistia, 37
Cladocera, 30
Cladocopa, 30
*Cladonema, Athecata, 12
Cladorhiza, Poecilosclerida, 11
clam (Mactra), Heterodonta, 24
—, giant (Tridacna), Heterodonta, 24
clam shrimps (Conchostraca), 30
Clangula, Anseriformes, 43
*Clarias, Siluroidei, 39
*Clathria, Poecilosclerida, 11
Clathrina, Clathrinida, 10
Clathrinida, 10
Clathrulina, Heliozoa, 7
*Clava, Athecata, 12
Clavagella, Desmodonta, 24
Clavaxinellida, 10
Clavelina, Aplousobranchiata, 36
Clavella, Lernaeopodoida, 31
clawed toad (Xenopus), Opisthocoela, 42
*Cleisthenes, Heterosomata, 40
*Clemmys, Cryptodira, 42
Clethrionomys, Myomorpha, 46
*Clibanarius, Reptantia, 32
Climacostomum, Heterotrichina, 9
climbing perch (Anabas), Anabantoidei, 40
cling-fishes (Xenopterygii), 41
*Clinocottus, Scorpaenoidei, 40
*Clio (=Euclio), Pteropoda, 23
Cliona, Clavaxinellida, 10
*Clione, Pteropoda, 23

Clistogastra, see Apocrita, 30
Clitelio, Oligochaeta, 25
*Cloacitrema, Digenea, 15
*Cloeon (=Chloeopsis), Ephemeroptera, 27
*Cloeosiphon, Sipuncula, 24
Clonorchis, Digenea, 15
clothes moth (Tinea), Ditrysia, 29
*Clubiona, Araneae, 33
*Clupanodon, Cyprinoidei, 38
Clupea, Clupeoidei, 38
Clupeiformes, see Isospondyli, 38
Clupeoidei, 38
*Clupeonella, Clupeoidei, 38
*Clymenella, Polychaeta, 25
Clypeaster, Clypeasterina, 35
Clypeasterina, 35
Clypeasteroida, 35
*Clypeomorus, Mesogastropoda, 22
*Clytia, Thecata, 12
*Cnemidophorus, Sauria, 42
*Cnesterodon, Cyprinodontoidei, 39
Cnidaria, 12–13
—, see Ctenophora, 13
Cnidosporidia, 8
coat of mail shell (Chiton), Chitonida, 22
——(Tonicella), Chitonida, 22
cobego (Cynocephalus), Dermoptera, 45
*Cobitis, Cyprinoidei, 38
cobra (Naja), Serpentes, 43
Coccidiomorpha, 8
Coccidium, see Eimeria
Coccinella, Polyphaga, 29
Coccolithophorida, 6
Coccomyxa, Myxosporidia, 8
*Cocculina, Archaeogastropoda, 22
Coccus, Homoptera, 28
*Cochlicopa (=Cionella),
Stylommatophora, 23
Cochliopodium, Testacea, 7
*Cochlodesma, Desmodonta, 24
*Cochlosoma, Metamonadina, 7
cockle (Cardium), Heterodonta, 24
—, dog- (Glycymeris), Eutaxodonta, 23
—, false- (Cardita), Heterodonta, 24
—, pea- (Pisidium), Heterodonta, 24
cockroaches (Blattodea), 27
cod (Gadus), Anacanthini, 39
Codonella, Tintinnida, 9
coelacanth (Latimeria), Actinistia, 41
Coelacanthini, see Actinistia, 41
Coelenterata, see Cnidaria, 12
—, see Ctenophora, 13
Coelodendrum, Radiolaria, 7

Coelogenys, see *Cuniculus*
Coeloplana, Platyctenea, 13
Coelosomides, Trichostomatida, 8
Coenagrion, Zygoptera, 27
*Coenobita, Reptantia, 32
*Cohnilembus (=*Lembus*), Tetrahymenina, 8
*Coilia, Clupeoidei, 38
Coleoptera, 29
*Coleps, Rhabdophorina, 8
*Colias, Ditrysia, 29
Coliiformes, 44
*Colisa, Anabantoidei, 40
Colius, Coliiformes, 44
Collembola, 26
*Collocalia, Apodiformes, 44
Collotheca, Collothecacea, 18
Collothecacea, 18
Collozoum, Radiolaria, 7
*Collybus, Percoidei, 39
Colobognatha, 26
*Colobus, Simiae, 46
*Cololabis, Scomberesocoidei, 39
Colorado beetle (*Leptinotarsa*), Polyphaga, 29
Colossendeis, Colossendeomorpha, 33
Colossendeomorpha, 33
*Colpidium, Tetrahymenina, 8
Colpoda, Trichostomatida, 8
*Coluber, Serpentes, 43
colugo (*Cynocephalus*), Dermoptera, 45
Columba, Columbiformes, 44
Columbiformes, 44
*Columella (=*Paludinella*), Mesogastropoda, 22
*Colurella (=*Colurus*), Ploima, 18
*Colurus, see *Colurella*
Colymbiformes, see Gaviiformes, 43
—, see Podicipediformes, 43
Colymbus, see *Gavia*
Comanthus, Articulata, 34
Comatricha, Mycetozoa, 7
comb jelly (*Mnemiopsis*), Lobata, 13
*Comephorus, Scorpaenoidei, 40
common lemur (*Lemur*), Prosimii, 46
common old world mole (*Talpa*), Insectivora, 45
common phalanger (*Trichosurus*), Marsupialia, 45
*Compsus, Polyphaga, 29
*Concholepas, Stenoglossa, 23
Conchophthirus, Thigmotrichida, 9
Conchostraca, 30

Condylostoma, Heterotrichina, 9
Condylura, Insectivora, 45
cone shell (*Conus*), Stenoglossa, 23
—— (*Terebra*), Stenoglossa, 23
coney (*Procavia*), Hyracoidea, 47
Conger, Apodes, 39
Congo eel (*Amphiuma*), Salamandroidea, 42
*Congromuraena, Apodes, 39
*Coniopteryx, Planipennia, 29
*Conochiloides, Flosculariacea, 18
Conochilus, Flosculariacea, 18
Conocyema, Dicyemida, 9
*Conopistha, Araneae, 33
*Conops, Cyclorrhapha, 30
*Conotrachelus, Polyphaga, 29
Constrictor, Serpentes, 43
Contarinia, Nematocera, 29
*Contracaecum, Ascaridina, 18
Conus, Stenoglossa, 23
Convoluta, Acoela, 13
*Conwentzia, Planipennia, 29
Cooperia, Strongylina, 18
coot (*Fulica*), Gruiformes, 44
Copeina, Cyprinoidei, 38
Copelata, 36
Copeognatha, see Psocoptera, 28
Copepoda, 30–31
*Copromonas, Euglenoidina, 6
*Coptothyris, Terebratelloidea, 22
Coracias, Coraciiformes, 44
Coraciiformes, 44
Corallimorpharia, 13
Corallistes, Lithistida, 10
corals, black (Antipatharia), 12
—, soft (Octocorallia), 12
—, stony (Scleractinia), 13
—, true (Scleractinia), 13
*Corbicula, Heterodonta, 24
Corbula, Desmodonta, 24
*Corbulomya, see *Lentidium*
Cordulegaster, Anisoptera, 27
*Cordylobia, Cyclorrhapha, 30
*Cordylophora, Athecata, 12
Coregonus, Salmonoidei, 38
*Corella, Phlebobranchiata, 36
*Corematodus, Percoidei, 39
*Corethra, see *Chaoborus*
*Coretus, Basommatophora, 23
*Coris, Percoidei, 39
Corixa, Heteroptera, 28
cormorant (*Phalacrocorax*), Pelecaniformes, 43
Cornish suckers (Xenopterygii), 41

Cornuspira, Foraminifera, 7
Coronatae, 12
*Coronella, Serpentes, 43
Coronula, Thoracica, 31
Corophium, Amphipoda, 32
Corrodentia, see Psocoptera, 28
*Corvina, Percoidei, 39
Corvus, Passeres, 45
Corydalis, Megaloptera, 28
*Corydoras, Siluroidei, 39
*Corymorpha, Athecata, 12
Corynactis, Corallimorpharia, 13
Coryne, Athecata, 12
*Corynosoma, Palaeacanthocephala, 20
*Coryphaena, Percoidei, 39
*Coryphella, Nudibranchia, 23
*Cosmiomma, Acari, 33
Cossus, Ditrysia, 29
*Cosymbotus, Sauria, 42
*Cothurnia, Peritrichida, 9
Cotinga, Tyranni, 45
cotinga (*Cotinga*), Tyranni, 45
*Cotinis, Polyphaga, 29
*Cottocomephorus, Scorpaenoidei, 40
cotton rat (*Sigmodon*), Myomorpha, 46
cotton stainer (*Dysdercus*), Heteroptera, 28
cottontail (*Sylvilagus*), Lagomorpha, 46
Cottus, Scorpaenoidei, 40
Coturnix, Galliformes, 44
Cotylea, 14
*Cotylophoron, Digenea, 15
Cotylorhiza, Rhizostomae, 12
*Cotylurus, Digenea, 15
coucal (*Centropus*), Cuculiformes, 44
coucha rat (*Rattus* (*Mastomys*)), Myomorpha, 46
cougar (*Felis*), Carnivora, 47
cowrie (*Cypraea*), Mesogastropoda, 22
coypu (*Myocastor*), Hystricomorpha, 47
crab, edible (*Cancer*), Reptantia, 32
—, hermit (*Dardanus*), Reptantia, 32
—, — (*Pagurus*), Reptantia, 32
—, shore (*Carcinus*), Reptantia, 32
crab louse (*Phthirus*), Anoplura, 28
crabs, king (Xiphosura), 32
Crago, see *Crangon*
crane (*Grus*), Gruiformes, 44
Crangon, Natantia, 32
—, see *Alpheus*
*Crangonyx, Amphipoda, 32
Crania, Neotremata, 21
*Craniella, Choristida, 10
Craspedacusta, Limnomedusae, 12
*Craspedosoma, Chordeumida, 26
*Crassiphiala, Digenea, 15
Crassostrea, Anisomyaria, 23
*Cratena, Nudibranchia, 23
Craterostigmomorpharia, 26
Craterostigmus, Craterostigmomorpharia, 26
crawfish (*Palinurus*), Reptantia, 32
Crax, Galliformes, 44
crayfish, fresh-water (*Astacus*), Reptantia, 32
crayfish, fresh-water (*Cambarus*), Reptantia, 32
*Crebricoma, Thigmotrichida, 9
*Crenilabrus, Percoidei, 39
*Crenobia, Paludicola, 14
*Creophilus, Polyphaga, 29
*Crepidostomum, Digenea, 15
Crepidula, Mesogastropoda, 22
*Creseis, Pteropoda, 23
*Cricetomys, Myomorpha, 46
Cricetus, Myomorpha, 46
cricket (*Acheta*), Ensifera, 27
—, bush (*Tettigonia*), Ensifera, 27
—, mole (*Gryllotalpa*), Ensifera, 27
—, snowy (*Oecanthus*), Ensifera, 27
crickets (Ensifera), 27
*Cricotopus (= *Acricotopus*), Nematocera, 29
*Crinia, Procoela, 42
Crinoidea, 34
*Crioceris, Polyphaga, 29
*Criodrilus, Oligochaeta, 25
Crisia, Cyclostomata, 21
*Cristaria, Heterodonta, 24
*Cristataria, Stylommatophora, 23
Cristatella, Phylactolaemata, 21
*Cristivomer, Salmonoidei, 38
Crithidia, Protomonadina, 6
*—, see *Strigomonas*
Crocidura, Insectivora, 45
crocodile (*Crocodylus*), Crocodylia, 43
*Crocodilurus, Sauria, 42
Crocodylia, 43
Crocodylus, Crocodylia, 43
*Crossocheilus, Cyprinoidei, 38
Crossopterygii, 41
Crotalus, Serpentes, 43
*Crotaphytus, Sauria, 42
Crotophaga, Cuculiformes, 44
crow (*Corvus*), Passeres, 45
crowned pigeon (*Goura*), Columbiformes, 44
*Crucibulum, Mesogastropoda, 22

Crustacea, 30–32
*Cruzia, Ascaridina, 18
*Cryptobia (=Trypanoplasma), Protomonadina, 6
Cryptobranchoidea, 41
*Cryptobranchus, Cryptobranchoidea, 41
*Cryptocercus, Blattodea, 27
*Cryptochaetum, Cyclorrhapha, 30
*Cryptochiton, Chitonida, 22
*Cryptocotyle, Digenea, 15
Cryptodira, 42
*Cryptolepas, Thoracica, 31
Cryptomonadina, 6
*Cryptomonas, Cryptomonadina, 6
*Cryptopora, Rhynchonelloidea, 22
*Cryptops, Scolopendromorpha, 26
*Cryptopsaras, Ceratioidei, 41
*Cryptosporidium, Eimeriidea, 8
*Cryptosula, Cheilostomata, 21
*Cryptotis, Insectivora, 45
*Crypturellus, Tinamiformes, 43
Crypturi, see Tinamiformes, 43
*Cteniza, Araneae, 33
*Ctenocephalides, Siphonaptera, 30
*Ctenolabrus, Percoidei, 39
*Ctenopharyngodon, Cyprinoidei, 38
Ctenophora, 13
—, see Cnidaria, 12
*Ctenoplana, Platyctenea, 13
Ctenoplana, see Platyctenea, 13
*Ctenosaura, Sauria, 42
Ctenostomata, 21
Ctenostomatida, see Odontostomatida, 9
*Ctenus (=Phoneutria), Araneae, 33
Cubomedusae, 72
cuckoo (Cuculus), Cuculiformes, 44
Cuculiformes, 44
*Cucullaea, Eutaxodonta, 23
*Cuculus, Cuculiformes, 44
*Cucumaria, Dendrochirota, 34
*Culex, Nematocera, 29
*Culicoides, Nematocera, 29
*Cultellus, Desmodonta, 24
Cumacea, 31
*Cumella, Cumacea, 31
*Cumingia, Heterodonta, 24
*Cuniculus, Hystricomorpha, 47
*Cunina, Narcomedusae, 12
*Cupes, Archostemata, 29
*Cura, Paludicola, 14
curassow (Crax), Galliformes, 44
cusk eels (Ophidioidei), 40
*Cuspidaria, Septibranchia, 24

cuttle-fish (Sepia), Decapoda, 24
*Cyamus, Amphipoda, 32
*Cyanea, Semaeostomae, 12
*Cyathocephalus, Pseudophyllidea, 14
*Cyathomonas, Cryptomonadina, 6
*Cyathostoma, Strongylina, 18
*Cyathura, Isopoda, 31
*Cyclanorbis, Cryptodira, 42
*Cyclidium, Pleuronematina, 9
*Cyclocoelum, Digenea, 15
Cyclomyaria, see Doliolida, 36
*Cyclopes, Edentata, 46
Cyclophyllidea, 15
Cyclopoida, 31
*Cycloposthium, Entodiniomorphida, 9
*Cyclops, Cyclopoida, 31
*Cyclopterus, Scorpaenoidei, 40
*Cyclorana (=Chiroleptes), Procoela, 42
Cyclorrhapha, 30
*Cyclosalpa, Salpida, 36
*Cyclospora, Eimeriidea, 8
*Cyclostoma, see Pomatias
Cyclostomata, 21, 36–37
*Cycloxanthops, Reptantia, 32
Cydippida, 13
*Cygnus, Anseriformes, 43
*Cylichna, Pleurocoela, 23
*Cylindroiulus, Julida, 26
*Cylindrolaimus, Chromadorida, 19
*Cymatogaster, Percoidei, 39
*Cymbium (=Melo), Stenoglossa, 23
*Cymothoa, Isopoda, 32
*Cynips (=Dryophanta), Apocrita, 30
*Cynocephalus, Dermoptera, 45
*Cynoglossus, Heterosomata, 40
*Cynomys, Sciuromorpha, 46
*Cynopterus, Megachiroptera, 45
*Cynoscion, Percoidei, 39
*Cyphoderia, Testacea, 7
*Cypraea, Mesogastropoda, 22
*Cyprideis, Podocopa, 30
*Cypridina, Myodocopa, 30
*Cypridopsis, Podocopa, 30
*Cyprina, see Arctica
*Cyprinodon, Cyprinodontoidei, 39
Cyprinodontes, see Microcyprini, 39
Cyprinodontiformes, see Microcyprini, 39
Cyprinodontoidei, 39
Cyprinoidei, 38
*Cyprinus, Cyprinoidei, 38
*Cypris, Podocopa, 30
*Cypselurus, Exocoetoidei, 39
Cyrtophorina, 8

cyst eelworm (*Heterodera*), Tylenchida, 19
Cysticercus, see *Taenia*
*Cystidicola, Spirurida, 19
*Cystophora, Pinnipeda, 47
*Cythara, Stenoglossa, 23
Cythere, Podocopa, 30
Cytherella, Platycopa, 30
Cyzicus, Conchostraca, 30

D

Dactylifera, see Temnocephalidea, 14
Dactylocalyx, Lychniscosa, 10
Dactyloda, see Temnocephalidea, 14
Dactylogyrus, Gyrodactyloidea, 14
Dactylometra, Semaeostomae, 12
*Dactylopius, Homoptera, 28
Dactylopteroidei, see Cephalacanthoidei, 40
Dactylopterus, see *Cephalacanthus*
*Dacus, Cyclorrhapha, 30
daddy-long-legs (*Tipula*), Nematocera, 29
*Dalatias (=*Scymnorhinus*, *Borborodes*, *Scymnus*), Squaloidei, 37
Dallia, Haplomi, 38
Dallina, Terebratelloidea, 22
*Dallingeria, Metamonadina, 7
Dalyellia, Rhabdocoela, 13
Dama, Ruminantia, 48
*Damaeus, Acari, 33
Damaliscus, Ruminantia, 48
Damon, Amblypygi, 32
damsel flies (Zygoptera), 27
*Danaus (=*Anosia*), Ditrysia, 29
*Danio, Cyprinoidei, 38
Daphnia, Cladocera, 30
Dardanus, Reptantia, 32
darter (*Anhinga*), Pelecaniformes, 43
*Darwinella, Dendroceratida, 10
Dasyatis, Batoidei, 37
*Dasybranchus, Polychaeta, 25
*Dasymetra, Digenea, 15
*Dasypeltis, Serpentes, 43
*Dasyprocta, Hystricomorpha, 47
Dasypus, Edentata, 46
Dasyurus, Marsupialia, 45
*Daubaylia, Rhabditina, 18
*Daubentonia (=*Chiromys*), Prosimii, 46
dead men's fingers (*Alcyonium*), Alcyonacea, 12
death's head hawk moth (*Acherontia*), Ditrysia, 29
Decapoda, 24, 32
*Decapterus, Percoidei, 39
*Decticus, Ensifera, 27

deep-sea anglerfishes (Ceratioidei), 41
deer, Chinese water (*Hydropotes*), Ruminantia, 48
—, fallow (*Dama*), Ruminantia, 48
—, Japanese (*Sika*), Ruminantia, 48
—, musk (*Moschus*), Ruminantia, 48
—, Père David's (*Elaphurus*), Ruminantia, 48
—, red (*Cervus*), Ruminantia, 48
—, white-tailed (*Odocoileus*), Ruminantia, 48
deer mouse (*Peromyscus*), Myomorpha, 46
*Deilephila, Ditrysia, 29
Deima, Elasipoda, 34
*Deirochelys, Cryptodira, 42
*Delena, Araneae, 33
Delphinus, Odontoceti, 47
*Demodex, Acari, 33
Demospongiae, 10–11
Dendraster, Scutellina, 35
*Dendroaspis, Serpentes, 43
*Dendrobaena, Oligochaeta, 25
Dendrobates, Procoela, 42
Dendroceratida, 10
Dendrochirota, 34
*Dendrocoelopsis, Paludicola, 14
Dendrocoelum, Paludicola, 14
Dendroctonus, Polyphaga, 29
Dendrodoa, Stolidobranchiata, 36
Dendrohyrax, Hyracoidea, 47
*Dendroides, Polyphaga, 29
*Dendrolimus, Ditrysia, 29
Dendromonas, Chrysomonadina, 6
*Dendronotus, Nudibranchia, 23
Dendrostomum, Sipuncula, 24
Dendya, Clathrinida, 10
*Denisonia, Serpentes, 43
Dentalium, Scaphopoda, 23
*Dentex, Percoidei, 39
Depressaria, Ditrysia, 29
*Dermacentor, Acari, 33
Dermanyssus, Acari, 33
Dermaptera, 28
*Dermasterias, Phanerozona, 35
*Dermatophagoides, Acari, 33
*Dermestes, Polyphaga, 29
Dermochelys, Cryptodira, 42
*Dermogenys, Exocoetoidei, 39
Dermoptera, 45
*Deroceras (=*Agriolimax*), Stylommatophora, 23
Derocheilocarida, 31
Derocheilocaris, Derocheilocarida, 31

*Derogenes, Digenea, 15
*Derostoma, Rhabdocoela, 13
*Desmacidon, Poecilosclerida, 11
*Desmana, Insectivora, 45
Desmodonta, 24
Desmodus, Microchiroptera, 45
Desmognathus, Salamandroidea, 42
Desmomyaria, see Salpida, 36
Desmoscolecoidea, 19
Desmoscolex, Chromadorida, 19
Devescovina, Metamonadina, 7
*Diacrisia, Ditrysia, 29
Diadema, Diadematoida, 34
Diadematacea, 34
Diadematoida, 34
*Diadophis, Serpentes, 43
*Diadumene, Actiniaria, 13
*Diaphanosoma, Cladocera, 30
*Diaphus, Myctophoidei, 38
Diaptomus, Calanoida, 30
Diaschiza, see *Cephalodella*
Diastylis, Cumacea, 31
*Diatraea, Ditrysia, 29
*Diazona, Phlebobranchiata, 36
Dibothriocephalus, see *Diphyllobothrium*
Dibranchia, 24
Dicamptodon, Ambystomatoidea, 42
*Dicentrarchus (=*Labrax*), Percoidei, 39
Diceros, Ceratomorpha, 47
Diclidophora, Diclidophoroidea, 14
Diclidophoroidea, 14
Diclybothrioidea, 14
Diclybothrium, Diclybothrioidea, 14
*Dicoryne, Athecata, 12
*Dicranophorus, Ploima, 18
Dicrocoelium, Digenea, 15
*Dicrostonyx, Myomorpha, 46
*Dictyna, Araneae, 33
Dictyocaulus, Strongylina, 18
Dictyoceratida, 10
Dictyocha, Silicoflagellata, 6
Dictyoploca, Embioptera, 28
Dictyoptera, 27
Dictyostelium, Mycetozoa, 7
Dicyema, Dicyemida, 9
Dicyemida, 9
Didelphis, Marsupialia, 45
Didemnum, Aplousobranchiata, 36
Didesmida, 14
*Didinium, Rhabdophorina, 8
Didymogaster, Oligochaeta, 25
*Diedrocephala, Homoptera, 28
Diemictylus, Salamandroidea, 42

Dientamoeba, Rhizomastigina, 7
Difflugia, Testacea, 7
Digenea, 15
*Dilepis, Cyclophyllidea, 15
Dileptus, Rhabdophorina, 8
*Diloma, Archaeogastropoda, 22
Dina, Gnathobdellida, 25
Dinamoebidium, Dinoflagellata, 6
Dinobryon, Chrysomonadina, 6
*Dinocardium, Heterodonta, 24
*Dinocharis, see *Trichotria*
Dinoflagellata, 6
Dinophilus, Archiannelida, 25
Dinothrombium, Acari, 33
Dioctophymatina, 19
Dioctophyme, Dioctophymatina, 19
Dioctophymoidea, 20
Diodon, Tetraodontoidei, 41
*Diodora, Archaeogastropoda, 22
*Diogenes, Reptantia, 32
Diomedea, Procellariiformes, 43
*Diopatra, Polychaeta, 25
Diophrys, Hypotrichida, 9
*Diorchis, Cyclophyllidea, 15
Diotocardia, see Archaeogastropoda, 22
*Dipetalonema, Spirurida, 19
Diphyllidea, 15
Diphyllobothrium, Pseudophyllidea, 14
Diplasiocoela, 42
*Diplodinium, Entodiniomorphida, 9
Diplogaster, Rhabditina, 18
Diploglossata, see Hemimerina, 28
*Diplolepis (=*Rhodites*), Apocrita, 30
Diplomonadida, see Distomatina, 7
Diplomystes, Siluroidei, 39
*Diplophryxus, Isopoda, 31
Diplopoda, 25–26
Diplosolen, Cyclostomata, 21
Diplosoma, Aplousobranchiata, 36
*Diplostomulum, Digenea, 15
Diplostomum, Digenea, 15
Diplozoon, Diclidophoroidea, 14
Diplura, 27
*Diplura, Araneae, 33
Dipneusti, see Dipnoi, 41
Dipnoi, 41
*Dipodomys, Sciuromorpha, 46
*Dipsacaster, Phanerozona, 35
*Dipsadomorphus, see *Boiga*
*Dipsas, Serpentes, 43
*Dipsosaurus, Sauria, 42
Diptera, 29–30
*Diptychus, Cyprinoidei, 38

Dipus, see *Jaculus*
Dipylidium, Cyclophyllidea, 15
Dirofilaria, Spirurida, 19
Discinisca, Neotremata, 21
Discocephali, 40
Discocephalum, Tetraphyllidea, 15
Discodermia, Lithistida, 10
Discocotyle, Diclidophoroidea, 14
Discoglossus, Opisthocoela, 42
*Discomorpha, see *Discomorphella*
*Discomorphella (= *Discomorpha*), Odontostomatida, 9
*Discopyge, Narcobatoidei, 37
Discorbis, Foraminifera, 7
Disculicepitidea, 16
*Disculiceps, Tetraphyllidea, 15
*Discus, Stylommatophora, 23
Disematostoma, Peniculina, 8
*Dispholidus, Serpentes, 43
*Dissosteira, Caelifera, 28
Distaplia, Aplousobranchiata, 36
*Distichodus, Characoidei, 38
Distoma, see *Fasciola*
Distomatina, 7
Distomum, see *Fasciola*
Distyla, see *Lecane*
*Ditrema, Percoidei, 39
Ditrysia, 29
Ditylenchus, Tylenchida, 19
*Diurella, see *Trichocerca*
divers (Gaviiformes), 43
diving petrel (*Pelecanoides*), Procellariiformes, 43
Dixippus, see *Carausius*
Dobson fly (*Corydalis*), Megaloptera, 28
*Dodecaceria, Polychaeta, 25
Dodecolopoda, Colossendeomorpha, 33
dog (*Canis*), Carnivora, 47
dog-cockle (*Glycymeris*), Eutaxodonta, 23
dogfish (*Scyliorhinus*), Galeoidei, 37
dogfishes (Pleurotremata), 37
dog heart worm (*Dirofilaria*), Spirurida, 19
dog kidney worm (*Dioctophyme*), Dioctophymatina, 19
dog-whelk (*Ilyanassa*), Stenoglossa, 23
— (*Nassarius*), Stenoglossa, 23
*Dolabella, Pleurocoela, 23
Dolichoglossus, see *Saccoglossus*
Doliolida, 36
Doliolum, Doliolida, 36
Dolistenus, Colobognatha, 26
*Dolium, see *Tonna*

*Doloisia, Acari, 33
*Dolomedes, Araneae, 33
Dolops, Branchiura, 31
dolphin (*Delphinus*), Odontoceti, 47
—, bottle-nosed (*Tursiops*), Odontoceti, 47
*Donacia, Polyphaga, 29
*Donax, Heterodonta, 24
donkey (*Equus*), Hippomorpha, 47
Donusa, Phasmida, 27
*Doras, Siluroidei, 39
*Dorippe, Reptantia, 32
Doris, Nudibranchia, 23
Dorisiella, Eimeriidea, 8
dormouse (*Glis*), Myomorpha, 46
— (*Muscardinus*), Myomorpha, 46
*Dorosoma, Clupeoidei, 38
Dorylaimina, 19
Dorylaimoidea, 19
Dorylaimus, Dorylaimina, 19
*Dorylus, Apocrita, 30
*Dosidicus, Decapoda, 24
*Dosinia, Heterodonta, 24
*Dracaena (= *Thorictis*), Sauria, 42
*Draco, Sauria, 42
Dracunculoidea, 20
Dracunculus, Spirurida, 19
dragonets (Callionymoidei), 40
dragon-fishes (Hypostomides), 40
dragonflies, true (Anisoptera), 27
*Drassodes, Araneae, 33
Dreissena, Heterodonta, 24
*Drepanidotaenia, Cyclophyllidea, 15
Drepanophorus, Polystylifera, 17
*Drepanopteryx, Planipennia, 29
*Drepanotrema, Basommatophora, 23
*Drilocrius, Oligochaeta, 25
dromedary (*Camelus*), Tylopoda, 48
*Dromia, Reptantia, 32
Dromiceius, Casuariiformes, 43
drone fly (*Eristalis*), Cyclorrhapha, 30
Drosophila, Cyclorrhapha, 30
*Drymaeus, Stylommatophora, 23
Dryocopus, Piciformes, 44
*Dryophanta, see *Cynips*
duck (*Anas*), Anseriformes, 43
— (*Clangula*), Anseriformes, 43
— (*Mergus*), Anseriformes, 43
duck-bill (*Ornithorhynchus*), Monotremata, 45
Dugesia, Paludicola, 14
Dugong, Sirenia, 47
dugong (*Dugong*), Sirenia, 47

*Durchoniella, Astomatida, 9
dusky salamander (*Desmognathus*),
Salamandroidea, 42
*Dussumieria, Clupeoidei, 38
dwarf siren (*Pseudobranchus*),
Trachystomata, 42
*Dynamena, Thecata, 12
*Dysdera, Araneae, 33
Dysdercus, Heteroptera, 28
dysentery (*Balantidium*),
Trichostomatida, 8
—, amoebic (*Entamoeba*), Amoebina, 7
*Dysidea, Dictyoceratida, 10
Dytiscus, Adephaga, 29

E

eagle ray (*Myliobatis*), Batoidei, 37
ear-shell (*Haliotis*), Archaeogastropoda, 22
earthworm (*Allolobophora*), Oligochaeta, 25
— (*Eisenia*), Oligochaeta, 25
— (*Lumbricus*), Oligochaeta, 25
— (*Pheretima*), Oligochaeta, 25
earwigs (Forficulina), 28
eastern mole (*Scalopus*), Insectivora, 45
eastern newt (*Diemictylus*),
Salamandroidea, 42
Ebria, Ebriideae, 6
Ebriaceae, see Ebriideae, 6
Ebriideae, 6
Ecdyonurus, Ephemeroptera, 27
Echeneibothrium, Tetraphyllidea, 15
Echeneiformes, see Discocephali, 40
Echeneis, Discocephali, 40
Echidna, see *Tachyglossus*
Echidnophaga, Siphonaptera, 30
Echinacea, 34
Echinarachnius, Scutellina, 35
Echinaster, Spinulosa, 35
Echiniscoides, Heterotardigrada, 33
Echiniscus, Heterotardigrada, 33
Echinobothrium, Diphyllidea, 15
Echinocardium, Spatangoida, 35
*Echinocasmus, Digenea, 15
Echinococcus, Cyclophyllidea, 15
Echinocucumis, Dendrochirota, 34
Echinocyamus, Laganina, 35
Echinoderes, Echinoderida, 18
Echinoderida, 18
Echinodermata, 34–35
Echinoida, 34
Echinoidea, 34–35
Echinometra, Echinoida, 34
Echinoneus, Holectypoida, 35

*Echinoparyphium, Digenea, 15
Echinorhinus, Squaloidei, 37
Echinorhynchus, Palaeacanthocephala, 20
Echinosorex, Insectivora, 45
Echinostoma, Digenea, 15
Echinothurioida, 34
Echinus, Echinoida, 34
Echiostoma, Stomiatoidei, 38
*Echis, Serpentes, 43
Echiura, 24
Echiurida, 24
Echiurus, Echiurida, 24
*Eciton, Apocrita, 30
Ectobius, Blattodea, 27
Ectoprocta, see Polyzoa, 21
Ectopsocus, Psocoptera, 28
Edentata, 46
edible crab (*Cancer*), Reptantia, 32
eel, Congo (*Amphiuma*),
Salamandroidea, 42
—, electric (*Electrophorus*), Cyprinoidei, 38
—, gymnotid (*Gymnotus*), Gymnotoidei, 38
—, mud- (*Siren*), Trachystomata, 42
—, shore (*Alabes*), Alabetoidei, 41
eels (Apodes), 39
—, cusk (Ophidioidei), 40
—, gulper (Lyomeri), 38
—, spiny (Opisthomi), 41
eelworm, cyst (*Heterodera*), Tylenchida, 19
—, leaf (*Aphelenchoides*), Tylenchida, 19
—, root-knot (*Meloidogyne*), Tylenchida, 19
—, sour paste (*Panagrellus*),
Rhabditina, 18
—, stem-and-bulb (*Ditylenchus*),
Tylenchida, 19
—, vinegar (*Turbatrix*), Rhabditina, 18
—, wheat gall (*Anguina*), Tylenchida, 19
*Egernia, Sauria, 42
*Egretta, Ciconiiformes, 43
Eidolon, Megachiroptera, 45
Eimeria, Eimeriidea, 8
Eimeriidea, 8
Eisenia, Oligochaeta, 25
*Eiseniella, Oligochaeta, 25
*Elaeophora, Spirurida, 19
eland (*Taurotragus*), Ruminantia, 48
*Elaphe, Serpentes, 43
*Elaphostrongylus, Strongylina, 18
Elaphurus, Ruminantia, 48
*Elaps, see *Micrurus*
Elasipoda, 34
Elasmobranchii, see Selachii, 37
*Elassoma, Percoidei, 39

*Electra, Cheilostomata, 21
electric catfish (*Malapterurus*),
Siluroidei, 39
electric eel (*Electrophorus*), Cyprinoidei, 38
*Electrona, Myctophoidei, 38
Electrophorus, Cyprinoidei, 38
Eledone, Octopoda, 24
*Eleginus, Anacanthini, 39
elephant, African (*Loxodonta*),
Proboscidea, 47
—, Asiatic (*Elephas*),
Proboscidea, 47
elephant louse (*Haematomyzus*),
Rhynchophthirina, 28
elephant seal (*Mirounga*), Pinnipedia, 47
elephant shrew (*Macroscelides*),
Insectivora, 45
Elephantulus, Insectivora, 45
Elephas, Proboscidea, 47
Eleutheria, Athecata, 12
Eleutherocaulis (=*Laevicaulis*),
Stylommatophora, 23
Eleutherodactylus, Procoela, 42
Eleutherozoa, 34–35
'elk', American (*Cervus*), Ruminantia, 48
elk, European (*Alces*), Ruminantia, 48
Elliptio, Heterodonta, 24
Elminius, Thoracica, 31
Elops, Clupeoidei, 38
Elphidium, Foraminifera, 7
Elpidia, Elasipoda, 34
Elysia, Sacoglossa, 23
Embadomonas, Metamonadina, 7
Emballonura, Microchiroptera, 45
Emberiza, Passeres, 45
Embia, Embioptera, 28
Embioptera, 28
Embiotoca, Percoidei, 39
Emerita (=*Hippa*), Reptantia, 32
Empis, Brachycera, 29
Emplectonema, Monostylifera, 17
Empoasca, Homoptera, 28
Empusa, Mantodea, 27
emu (*Dromiceius*), Casuariiformes, 43
Emys, Cryptodira, 42
Enallagma, Zygoptera, 27
Enarmonia, Ditrysia, 29
Encentrum, Ploima, 18
Encephalitozoon, Sporozoa (end), 8
Encheliophis, Blennioidei, 40
Enchelys, Rhabdophorina, 8
Enchytraeoides, Oligochaeta, 25
Enchytraeus, Oligochaeta, 25

Endamoeba, Amoebina, 7
Endolimax, Amoebina, 7
Endoprocta, see Entoprocta, 21
Endopterygota, see Oligoneoptera, 28
Engaeus, Reptantia, 32
Engraulis, Clupeoidei, 38
Enhydrina, Serpentes, 43
Enneacanthes, Percoidei, 39
Enopla, 17
Enoplida, 19
Enoplina, 19
Enoploidea, 19
Enoplometopus, Reptantia, 32
Enoplus, Enoplina, 19
Ensatina, Salamandroidea, 42
Ensifera, 27
Ensis, Desmodonta, 24
Entalophora, Cyclostomata, 21
Entamoeba, Amoebina, 7
Enterobius, Ascaridina, 18
Enterogona, 36
Enteromonas, Metamonadina, 7
Enteropneusta, 35
Entobdella, Capsaloidea, 14
Entodiniomorphida, 9
Entodinium, Entodiniomorphida, 9
Entoniscus, Isopoda, 32
Entoprocta, 21
Entosphenus, Hyperoartii, 36
Entylia, Homoptera, 28
Eoacanthocephala, 21
Eolidina (=*Aeolidiella*), Nudibranchia, 23
Eolis, see *Aeolidia*
Eopsetta, Heterosomata, 40
Eos, Psittaciformes, 44
Eosentomon, Protura, 27
Eosphora, Ploima, 18
Eotetranychus, Acari, 33
Epalxella, Odontostomatida, 9
Epalxis, see *Epalxella*
Epeira, see *Araneus*
Ephelota, Suctorida, 8
Ephemera, Ephemeroptera, 27
Ephemerella, Ephemeroptera, 27
Ephemeroptera, 27
Ephestia, Ditrysia, 29
Ephydatia, Haplosclerida, 11
Ephydra, Cyclorrhapha, 30
Epiblemum, see *Salticus*
Epidinium, Entodiniomorphida, 9
Epilabidocera, Calanoida, 30
Epilachna, Polyphaga, 29
Epimorpha, 26

Epimys, see *Rattus*
*Epinephele, Ditrysia, 29
*Epinephelus (=*Cerna*), Percoidei, 39
Epiophlebia, Anisozygoptera, 27
Epiphanes, Ploima, 18
*Epiplatys, Cyprinodontoidei, 39
Epistylis, Peritrichida, 9
*Epitonium (=*Scala*), Mesogastropoda, 22
*Epitrimerus, Acari, 33
Epizoanthus, Zoanthiniaria, 13
Epomophorus, Megachiroptera, 45
Eptatretus, Hyperotreta, 37
Eptesicus, Microchiroptera, 45
*Equula, Percoidei, 39
Equus, Hippomorpha, 47
*Erannis (=*Hybernia*), Ditrysia, 29
*Eremias, Sauria, 42
*Eresus, Araneae, 33
*Erethizon, Hystricomorpha, 47
*Eretmochelys, Cryptodira, 42
*Ericymba, Cyprinoidei, 38
*Erigone, Araneae, 33
Erinaceus, Insectivora, 45
Eriocephala, see *Micropteryx*
*Eriocheir, Reptantia, 32
Eriocrania, Monotrysia, 29
*Eriophyes, Acari, 33
*Eriosoma, Homoptera, 28
*Eriphia, Ditrysia, 29
*—, Reptantia, 32
Eristalis, Cyclorrhapha, 30
*Erithacus, Passeres, 45
ermine (*Mustela*), Carnivora, 47
*Erolia, Charadriiformes, 44
*Erosaria, Mesogastropoda, 22
Erpetoichthys, see *Calamoichthys*
Erpobdella, Gnathobdellida, 25
Errantia, 25 (footnote)
Erythrinus, Characoidei, 38
*Erythrocebus, Simiae, 46
*Eryx, Serpentes, 43
*Escharella, Cheilostomata, 21
*Escharoides, Cheilostomata, 21
Esocoidei, see Haplomi, 38
*Esomus, Cyprinoidei, 38
Esox, Haplomi, 38
Esperiopsis, Poecilosclerida, 11
Estheria, see *Cyzicus*
*Etheostoma, Percoidei, 39
*Etheria (=*Aetheria*), Heterodonta, 24
*Ethmalosa, Clupeoidei, 38
Ethmostigmus, Scolopendromorpha, 26
Etholpolys, Lithobiomorpharia, 26

*Etmopterus, see *Spinax*
*Etroplus, Percoidei, 39
*Etrumeus, Clupeoidei, 38
*Euaustenia, Stylommatophora, 23
*Eubothrium, Pseudophyllidea, 14
Eubranchipus, Anostraca, 30
*Eucalia, Thoracostei, 40
Eucarida, 32
*Eucephalobus, Rhabditina, 18
Eucestoda, 16–17
Euchaeta, Calanoida, 30
Eucharis, see *Leucothea*
*Euchirella, Calanoida, 30
Euchlanis, Ploima, 18
*Eucinostomus, Percoidei, 39
*Eucitharus, see *Citharus*
*Euclio, see *Clio*
Eucoccidia, 8
*Eucrangonyx, Amphipoda, 32
Eucyclops, Cyclopoida, 31
*Eudendrium, Athecata, 12
*Eudiaptomus, Calanoida, 30
Eudistoma, Aplousobranchiata, 36
*Eudistylia, Polychaeta, 25
*Eudontomyzon, Hyperoartii, 36
Eudorina, Phytomonadina, 6
Eudyptes, Sphenisciformes, 43
Euechinoidea, 34–35
Eugaleus, see *Galeorhinus*
Euglena, Euglenoidina, 6
Euglenoidina, 6
Eyglypha, Testacea, 7
Eugnatha, see Helminthomorpha, 26
*Eugnatha, Araneae, 33
Eugregarina, 7
Eugyra, Stolidobranchiata, 36
*Euhadra, Stylommatophora, 23
*Euhaplorchis, Digenea, 15
Eukrohnia, Chaetognatha,^{1}33
*Eulabes, Passeres, 45
*Eulalia, Polychaeta, 25
*Eulamia, Galeoidei, 37
*Eumeces, Sauria, 42
*Eumenes, Apocrita, 30
*Eunectes, Serpentes, 43
Eunice, Polychaeta, 25
Eunicella, Gorgonacea, 12
Eupagurus, see *Pagurus*
*Euparypha, see *Theba*
Euphausia, Euphausiacea, 32
Euphausiacea, 32
Euplanaria, see *Dugesia*
*Euplecta, Stylommatophora, 23

Euplectella, Lyssacinosa, 10
*Euplectes (=*Pyromelana*), Passeres, 45
*Eupleura, Stenoglossa, 23
Euplotes, Hypotrichida, 9
*Eupodes, Acari, 33
*Eupolymnia (=*Polymnia*), Polychaeta, 25
*Eupomotis, Percoidei, 39
*Euproctis, Ditrysia, 29
*Eupsophus, Procoela, 42
*Eurete, Hexactinosa, 10
European elk (*Alces*), Ruminantia, 48
Euryalae, 35
*Eurycea, Salamandroidea, 42
*Eurycerus, Cladocera, 30
*Eurydice, Isopoda, 31
Eurylaimi, 45
Eurylepta, Cotylea, 14
*Eurypanopeus, Reptantia, 32
Eurypauropus, Pauropoda, 25
Eurypharynx, Lyomeri, 38
Eurypyga, Gruiformes, 44
Eurystomata, 21
*Eurytemora, Calanoida, 30
*Eurytium, Reptantia, 32
*Eurytrema, Digenea, 15
*Euscorpius, Scorpiones, 32
Euselachii, 37
Eusepia, see *Sepia*
Euspongia, see *Spongia*
Euspongilla, see *Spongilla*
Eusthenia, Plecoptera, 27
*Eustoma, Ascaridina, 18
*Eustrongylides, Dioctophymatina, 19
Eutaeniophorus, Miripinnati, 38
Eutardigrada, 33
Eutaxodonta, 23
Euterpina, Harpacticoida, 31
*Eutettix, Homoptera, 28
Eutheria, 45–48
Euthyneura, see Opisthobranchia, 23
——, see Pulmonata, 23
*Euthynnus, Scombroidei, 40
Eutonina, Thecata, 12
Eutrichomastix, see *Monocercomonas*
*Eutyphoeus, Oligochaeta, 25
Evadne, Cladocera, 30
*Evania, Apocrita, 30
*Evarcha, Araneae, 33
Eventognathi, see Cyprinoidei, 38
Evetria, Ditrysia, 29
Evotomys, see *Clethrionomys*
Exocoetoidei, 39
Exocoetus, Exocoetoidei, 39

*Exogone, Polychaeta, 25
Exopterygota, see Palaeoptera, 27
——, see Paraneoptera, 28
——, see Polyneoptera, 27
eye worm (*Thelazia*), Spirurida, 19

F

*Fabricia, Polychaeta, 25
fairy shrimps (Anostraca), 30
Falco, Falconiformes, 44
falcon (*Falco*), Falconiformes, 44
Falconiformes, 44
*Falculifer, Acari, 33
fallow deer (*Dama*), Ruminantia, 48
false-cockle (*Cardita*), Heterodonta, 24
false scorpions (Pseudoscorpiones), 32
false spiders (Solifugae), 33
fan-mussel (*Pinna*), Anisomyaria, 23
*Fannia, Cyclorrhapha, 30
Farrea, Hexactinosa, 10
Fasciola, Digenea, 15
*Fasciolaria, Stenoglossa, 23
*Fascioloides, Digenea, 15
feather star (*Antedon*), Articulata, 34
—— (*Comanthus*), Articulata, 34
—— (*Tropiometra*), Articulata, 34
Felis, Carnivora, 47
*Feltria, Acari, 33
ferret (*Mustela*), Carnivora, 47
*Ferrissia, Basommatophora, 23
*Fessisentis, Palaeacanthocephala, 20
fig-insect (*Blastophaga*), Apocrita, 30
filarial worm (*Wuchereria*), Spirurida, 19
Filarioidea, 20
*Filaroides, Strongylina, 18
file shell (*Lima*), Anisomyaria, 23
Filicollis, Palaeacanthocephala, 20
Filinia, Flosculariacea, 18
*Filistata, Araneae, 33
*Filograna, Polychaeta, 25
*Fimbriaria, Cyclophyllidea, 15
fire bellied toad (*Bombina*),
Opisthocoela, 42
fire brat (*Thermobia*), Thysanura, 27
fire salamander (*Salamandra*),
Salamandroidea, 42
fish, angel- (*Squatina*), Squaloidei, 37
——, black- (*Dallia*), Haplomi, 38
——, boar- (*Capros*), Zeomorphi, 39
——, flying (*Exocoetus*), Exocoetoidei, 39
——, 4-eyed (*Anableps*), Cyprinodontoidei, 39
——, frost (*Lepidopus*), Trichiuroidei, 40
——, globe- (*Diodon*), Tetraodontoidei, 41

fish, lantern- (*Lampanyctus*), Myctophoidei, 38
—, — (*Myctophum*), Myctophoidei, 38
—, lizard (*Synodus*), Myctophoidei, 38
—, moon- (*Lampris*), Allotriognathi, 39
—, paddle- (*Polyodon*), Chondrostei, 37
—, reed- (*Calamoichthys*), Cladistia, 37
—, ribbon- (*Trachypterus*), Allotriognathi, 39
—, rudder- (*Lirus*), Stromateoidei, 40
—, saw- (*Pristis*), Batoidei, 37
—, scabbard (*Aphanopus*), Trichiuroidei, 40
—, snipe- (*Macrorhamphosus*), Solenichthyes, 39
—, sun- (*Mola*), Tetraodontoidei, 41
—, surgeon- (*Acanthurus*), Acanthuroidei, 39
—, tiger (*Hydrocyon*), Characoidei, 38
—, wolf- (*Anarhichas*), Blennioidei, 40
fishes, angel (Pleurotremata), 37
—, bony (Pisces), 37–41
—, cling- (Xenopterygii), 41
—, dragon- (Hypostomides), 40
—, flat- (Heterosomata), 40
—, frog (Antennarioidei), 41
—, globe- (Plectognathi), 40–41
—, lung- (Dipnoi), 41
—, mail-cheeked (Scleroparei), 40
—, rabbit- (Holocephali), 37
—, rag- (Malacichthyes), 41
—, sucker (Discocephali), 40
—, toad (Haplodoci), 41
—, trigger- (Plectognathi), 40–41
Fissurella, Archaeogastropoda, 22
Flabelligera (= *Chloraema*), Polychaeta, 25
Flabellula, Amoebina, 7
Flabellum, Scleractinia, 13
Flagellata, see Mastigophora, 6
flamingos (Phoenicopteriformes), 43
flat-fishes (Heterosomata), 40
flatworms (Platyhelminthes), 13–15
flea, lucerne (*Sminthurus*), Symphypleona, 26
fleas (Siphonaptera), 30
—, water (Cladocera), 30
flies, caddis (Trichoptera), 29
—, damsel (Zygoptera), 27
—, may- (Ephemeroptera), 27
—, scorpion (Mecoptera), 29
—, stone- (Plecoptera), 27
—, true (Diptera), 29
—, two-winged (Diptera), 29
Floriceps, Tetrarhynchoidea, 15
Floridobolus, Spirobolida, 26
Floscularia, Flosculariacea, 18
—, see *Collotheca*
Flosculariacea, 18
flounder (*Limanda*), Heterosomata, 40
flour beetle (*Tribolium*), Polyphaga, 29
flour moth (*Ephestia*), Ditrysia, 29
fluke, cattle rumen (*Paramphistomum*), Digenea, 15
—, liver, cattle and sheep (*Dicrocoelium*), Digenea, 15
—, — (*Fasciola*), Digenea, 16
—, lung (*Paragonimus*), Digenea, 15
flukes (Trematoda), 15
Fluminicola, Mesogastropoda, 22
Flustra, Cheilostomata, 21
Flustrellidra, Cheilostomata, 21
fly, alder (*Sialis*), Megaloptera, 28
—, ant lion (*Myrmeleon*), Planipennia, 29
—, black (*Simulium*), Nematocera, 29
—, chalcid (*Chalcis*), Apocrita, 30
—, Dobson (*Corydalis*), Megaloptera, 28
—, drone (*Eristalis*), Cyclorrhapha, 30
—, frit (*Oscinella*), Cyclorrhapha, 30
—, horse (*Tabanus*), Brachycera, 29
—, house (*Musca*), Cyclorrhapha, 30
—, ichneumon (*Ichneumon*), Apocrita, 30
—, — (*Nemeritis*), Apocrita, 30
—, lantern (*Phenax*), Homoptera, 28
—, sand (*Phlebotomus*), Nematocera, 29
—, small fruit (*Drosophila*), Cyclorrhapha, 30
—, snake (*Raphidia*), Megaloptera, 28
—, tse-tse (*Glossina*), Cyclorrhapha, 30
flying fish (*Exocoetus*), Exocoetoidei, 39
flying fox (*Pteropus*), Megachiroptera, 45
flying gurnards (*Cephalacanthoidei*), 40
flying lemur (*Cynocephalus*), Dermoptera, 45
flying squirrel, American (*Glaucomys*), Sciuromorpha, 46
— —, scale-tailed (*Anomalurus*), Sciuromorpha, 46
Foettingeria, Apostomatida, 9
Folia, see *Velamen*
Folliculina, Heterotrichina, 9
Foraminifera, 7
Forcipomyia, Nematocera, 29
Forcipulata, 35
Forficula, Forficulina, 28
Forficulina, 28
Formica, Apocrita, 30
Formicarius, Tyranni, 45
4-eyed fish (*Anableps*), Cyprinodontoidei, 39

4-eyed opossum (*Metachirus*), Marsupialia, 45
fowl (*Gallus*), Galliformes, 44
—, guinea (*Numida*), Galliformes, 44
fowl louse (*Lipeurus*), Mallophaga, 28
fox (*Vulpes*), Carnivora, 47
—, flying (*Pteropus*), Megachiroptera, 45
Fratercula, Charadriiformes, 44
Fredericella, Phylactolaemata, 21
Fregata, Pelecaniformes, 43
Frenulina, Terebratelloidea, 22
fresh-water crayfish (*Astacus*), Reptantia, 32
— — (*Cambarus*), Reptantia, 32
fresh-water limpet (*Ancylastrum*), Basommatophora, 23
— — (*Ancylus*), Basommatophora, 23
fresh-water mussel (*Unio*), Heterodonta, 24
Fridericia, Oligochaeta, 25
frigate bird (*Fregata*), Pelecaniformes, 43
Fringilla, Passeres, 45
frit fly (*Oscinella*), Cyclorrhapha, 30
Fritillaria, Copelata, 36
frog (*Rana*), Diplasiocoela, 42
—, hairy (*Astylosternus*), Diplasiocoela, 42
—, marsupial (*Gastrotheca*), Procoela, 42
—, New Zealand (*Leiopelma*), Amphicoela, 42
—, painted (*Discoglossus*), Opisthocoela, 42
—, poison (*Dendrobates*), Procoela, 42
—, robber (*Eleutherodactylus*), Procoela, 42
—, tailed (*Ascaphus*), Amphicoela, 42
—, tree (*Hyla*), Procoela, 42
—, — (*Rhacophorus*), Diplasiocoela, 42
—, true (*Rana*), Diplasiocoela, 42
frog fishes (Antennarioidei), 41
frog hopper (*Cercopis*), Homoptera, 28
— — (*Philaenus*), Homoptera, 28
frogmouth (*Podargus*), Caprimulgiformes, 44
Frontonia, Peniculina, 8
frost fish (*Lepidopus*), Trichiuroidei, 40
fruit bat (*Cynopterus*), Megachiroptera, 45
— — (*Eidolon*), Megachiroptera, 45
— — (*Epomophorus*), Megachiroptera, 45
— — —, American (*Artibeus*), Microchiroptera, 45
fruit fly, small (*Drosophila*), Cyclorrhapha, 30
Fugu, Tetraodontoidei, 41
Fulica, Gruiformes, 44
Fuligula, see *Aythya*
Fulvia, Heterodonta, 24

Fundulus, Cyprinodontoidei, 39
Fungia, Scleractinia, 13
fungus gnat (*Sciara*), Nematocera, 29
Furnarius, Tyranni, 45
Fuscuropoda, Acari, 33
Fusinus (= *Fusus*), Stenoglossa, 23
Fusitriton, Mesogastropoda, 22
Fusus, see *Fusinus*

G

Gadiformes, see Anacanthini, 39
Gadus, Anacanthini, 39
Gaetice, Reptantia, 32
Gagata, Siluroidei, 39
Gaidropsarus (= *Motella*, *Onos*), Anacanthini, 39
Galago, Prosimii, 46
Galathea, Reptantia, 32
Galathealinum, Thecanephria, 33
Galba, Basommatophora, 23
Galbula, Piciformes, 44
Galeichthys, Siluroidei, 39
Galeocerdo, Galeoidei, 37
Galeodes, Solifugae, 33
Galeoidei, 37
Galeolaria, Polychaeta, 25
Galeopithecus, see *Cynocephalus*
Galeopterus, see *Cynocephalus*
Galeorhinus, Galeoidei, 37
Galerucella, Polyphaga, 29
Galeus, see *Galeorhinus*
Galiteuthis, Decapoda, 24
Galleria, Ditrysia, 29
Galliformes, 44
Gallus, Galliformes, 44
Galumna, Acari, 33
Gamasellus, Acari, 33
Gambusia, Cyprinodontoidei, 39
Gammaracanthus, Amphipoda, 32
Gammarus, Amphipoda, 32
gannet (*Sula*), Pelecaniformes, 43
gape worm (*Syngamus*), Strongylina, 18
gaper (*Mya*), Desmodonta, 24
— (*Poromya*), Septibranchia, 24
garfish (*Belone*), Scomberesocoidei, 39
Gargarius, Thigmotrichida, 9
gar-pikes (Ginglymodi), 37
Garra, Cyprinoidei, 38
Garrulus, Passeres, 45
Garypus, Pseudoscorpiones, 32
Gasteracantha, Araneae, 33
Gasterophilus (= *Gastrophilus*), Cyclorrhapha, 30

Gasterosteus, Thoracostei, 40
Gasterostoidea, see Thoracostei, 40
Gasterostomata, 16
*Gastrimargus, Caelifera, 28
*Gastrochaena (= *Rocellaria*), Desmodonta, 24
Gastrocotyle, Diclidophoroidea, 14
Gastrodes, Platyctenca, 13
*Gastrodiscoides, Digenea, 15
*Gastrophilus, see *Gasterophilus*
Gastropoda, 22–23
*Gastropus, (= *Notops*), Ploima, 18
Gastrosaccus, Mysidacea, 31
Gastrotheca, Procoela, 42
*Gastrothylax, Digenea, 15
Gastrotricha, 18
*Gattyana, Polychaeta, 25
Gavia, Gaviiformes, 43
gavial, Malayan (*Tomistoma*), Crocodylia, 43
Gavialis, Crocodylia, 43
Gaviiformes, 43
Gazella, Ruminantia, 48
gazelle (*Gazella*), Ruminantia, 48
*Gebia, Reptantia, 32
*Gecarcinus, Reptantia, 32
gecko (*Hemidactylus*), Sauria, 42
*Geckobiella, Acari, 33
*Gehyra, Sauria, 42
*Gekko, Sauria, 42
Gelatinosa, 10–11
*Gelis, Aprocrita, 30
*Gelliodes, Haplosclerida, 11
*Gemma, Heterodonta, 24
*Gempylus, Trichiuroidei, 40
*Gennadas, Natantia, 32
Genocidaris, Temnopleuroida, 34
gentle lemur (*Hapalemur*), Prosimii, 46
*Genyochromis, Percoidei, 39
Genypterus, Ophidioidei, 40
Geococcyx, Cuculiformes, 44
Geodia, Choristida, 10
*Geoemyda, Cryptodira, 42
*Geograpsus, Reptantia, 32
Geomys, Sciuromorpha, 46
Geonemertes, Monostylifera, 17
*Geophagus, Percoidei, 39
Geophilomorpha, 26
Geophilus, Geophilomorpha, 26
Geoplana, Terricola, 14
*Geospiza, Passeres, 45
*Geotrupes, Polyphaga, 29
Gephyrea (footnotes) 18, 24

gerbil (*Gerbillus*), Myomorpha, 46
Gerbillus, Myomorpha, 46
*Germo, see *Orcynus*
*Gerrhonotus, Sauria, 42
*Gerris, Heteroptera, 28
*Geryon, Reptantia, 32
Geryonia, Trachymedusae, 12
'gharial', Indian (*Gavialis*), Crocodylia, 43
ghost moth (*Hepialus*), Monotrysia, 29
ghost shrimp (*Caprella*), Amphipoda, 32
giant anteater (*Myrmecophaga*), Edentata, 46
giant armadillo (*Priodontes*), Edentata, 46
giant clam (*Tridacna*), Heterodonta, 24
giant panda (*Ailuropoda*), Carnivora, 47
giant salamander (*Megalobatrachus*), Cryptobranchoidea, 41
——, Pacific (*Dicamptodon*), Ambystomatoidea, 42
giant wood wasp (*Sirex*), Symphyta, 30
Giardia, Distomatina, 7
gibbon (*Hylobates*), Simiae, 46
*Gibbula, Archaeogastropoda, 22
*Gigantobilharzia, Digenea, 15
Gigantorhynchus, Archiacanthocephala, 20
Gigantura, Giganturoidea, 38
Giganturoidea, 38
*Gila, Cyprinoidei, 38
Gila monster (*Heloderma*), Sauria, 42
*Gillia, Mesogastropoda, 22
*Gillichthys, Gobioidei, 40
*Gilquinia, Tetrarhynchoidea, 15
Ginglymodi, 37
*Ginglymostoma, Galeoidei, 37
gipsy moth (*Lymantria*), Ditrysia, 29
Giraffa, Ruminantia, 48
giraffe (*Giraffa*), Ruminantia, 48
*Girardinus, Cyprinodontoidei, 39
*Girella, Percoidei, 39
*Gladioferans, Calanoida, 30
Glandiceps, Enteropneusta, 35
glass sponges (Hexactinellida), 10
Glaucoma, Tetrahymenina, 8
Glaucomys, Sciuromorpha, 46
Glaucus, Nudibranchia, 23
Glis, Myomorpha, 46
globe-fish (*Diodon*), Tetraodontoidei, 41
globe-fishes (Plectognathi), 40–41
Globidium, Eimeriidea, 8
Globigerina, Foraminifera, 7
Glomerida, 26
Glomeridesmida, 26
Glomeridesmus, Glomeridesmida, 26

Glomeris, Glomerida, 26
Glossina, Cyclorrhapha, 30
Glossiphonia, Rhynchobdellida, 25
Glossobalanus, Enteropneusta, 35
*Glossogobius, Gobioidei, 40
*Glossoscolex, Oligochaeta, 25
Glottidia, Atremata, 21
Glugea, Microsporidia, 8
Glycera, Polychaeta, 25
Glycymeris, Eutaxodonta, 23
*Glypthelmins, Digenea, 15
*Glyptocephalus, Heterosomata, 40
Glyptocidaris, Phymosomatoida, 34
gnat, fungus (*Sciara*), Nematocera, 29
Gnathia, Gnathiidea, 31
Gnathiidea, 31
Gnathobdellida, 25
Gnathonemus, Mormyroidei, 38
Gnathophausia, Mysidacea, 31
Gnathostoma, Spirurida, 19
Gnathostomaria, Rhabdocoela, 13
Gnathostomata, 35
Gnathostomula, Rhabdocoela, 13
goat (*Capra*), Ruminantia, 48
goat moth (*Cossus*), Ditrysia, 29
Gobiesociformes, see Xenopterygii, 41
*Gobiesox, Xenopterygii, 41
Gobioidei, 40
Gobius, Gobioidei, 40
goby (*Gobius*), Gobioidei, 40
*Goezia, Ascaridina, 18
golden hamster (*Mesocricetus*), Myomorpha, 46
golden mole (*Chrysochloris*), Insectivora, 45
golden potto (*Arctocebus*), Prosimii, 46
Golfingia, Sipuncula, 24
Gomphus, Anisoptera, 27
*Gonatopsis, Decapoda, 24
*Gonatus, Decapoda, 24
*Gonaxis, Stylommatophora, 23
*Gonepteryx, Ditrysia, 29
Gongylonema, Spirurida, 19
*Goniobasis, Mesogastropoda, 22
Goniodes, Mallophaga, 28
Gonionemus, Limnomedusae, 12
*Goniopora, Scleractinia, 13
*Goniopsis, Reptantia, 32
Gonodactylus, Stomatopoda, 32
Gonorhynchoidei, 38
Gonorhynchus, Gonorhynchoidei, 38
Gonospora, Eugregarina, 7
*Gonostoma, Stomiatoidei, 38
Gonyaulax, Dinoflagellata, 6

Gonyostomum, Chloromonadina, 6
*Goodea, Cyprinodontoidei, 39
goose (*Anser*), Anseriformes, 43
goose barnacle (*Lepas*), Thoracica, 31
gopher (*Citellus*), Sciuromorpha, 46
——, pocket (*Geomys*), Sciuromorpha, 46
*Gopherus, Cryptodira, 42
Gordiacea, see Nematomorpha, 18
Gordioidea, 18
Gordius, Gordioidea, 18
*Gorgodera, Digenea, 15
Gorgonacea, 12
Gorgonia, Gorgonacea, 12
Gorgonocephalus, Euryalae, 35
Gorgorhynchus, Palaeacanthocephala, 20
Gorilla, Simiae, 46
gorilla (*Gorilla*), Simiae, 46
goshawk (*Accipiter*), Falconiformes, 44
Goura, Columbiformes, 44
*Graeteriella, Cyclopoida, 30
grain moth (*Sitotroga*), Ditrysia, 29
Grantia, Sycettida, 10
*Grapsus, Reptantia, 32
*Graptemys, Cryptodira, 42
grass snake (*Natrix*), Serpentes, 43
grasshopper (*Chorthippus*), Caelifera, 28
grasshoppers, longhorned (Ensifera), 27
——, shorthorned (Caelifera), 28
grebe, sun- (*Heliornis*), Gruiformes, 44
grebes (Podicipediformes), 43
Greek tortoise (*Testudo*), Cryptodira, 42
green lacewing (*Chrysopa*), Planipennia, 29
green lizard (*Lacerta*), Sauria, 42
green pigeon (*Treron*), Columbiformes, 44
green turtle (*Chelonia*), Cryptodira, 42
greenbottle (*Lucilia*), Cyclorrhapha, 30
greenfly (*Aphis*), Homoptera, 28
Gregarina, Eugregarina, 7
Gregarinomorpha, 7
Gressores, see Ciconiiformes, 43
grey mullets (Mugiloidei), 40
grey seal (*Halichoerus*), Pinnipedia, 47
grey whale (*Rhachianectes*), Mysticeti, 47
gribble (*Limnoria*), Isopoda, 32
Grillotia, Tetrarhynchoidea, 15
Gromia, Testacea, 7
*Grosschaftella, Acari, 33
ground beetle (*Carabus*), Adephaga, 29
ground squirrel, African (*Xerus*), Sciuromorpha, 46
— —, American (*Citellus*), Sciuromorpha, 46
grouse (*Lagopus*), Galliformes, 44

grouse, sand-(*Pterocles*), Columbiformes, 44
grouse locust (*Tetrix*), Caelifera, 28
Grubea, Polychaeta, 25
Gruiformes, 44
Grus, Gruiformes, 44
Grylloblatta, Grylloblattodea, 27
Grylloblattodea, 27
Gryllotalpa, Ensifera, 27
Gryllus, see *Acheta*
Gryphus, Terebratuloidea, 22
guanaco (*Lama*), Tylopoda, 48
Gudusia, Clupeoidei, 38
Guerinia, Cyclorrhapha, 30
guinea fowl (*Numida*), Galliformes, 44
guinea pig (*Cavia*), Hystricomorpha, 47
guinea worm (*Dracunculus*), Spirurida, 19
gull (*Larus*), Charadriiformes, 44
gullet worm (*Gongylonema*), Spirurida, 19
gulper eels (Lyomeri), 38
Gunda, see *Procerodes*
Gundlachia, Basommatophora, 23
guppy (*Lebistes*), Cyprinodontoidei, 39
gurnard (*Trigla*), Scorpaenoidei, 40
gurnards, flying (Cephalacanthoidei), 40
Guyenotia, Actinomyxidia, 8
Gymnarchus, Mormyroidei, 38
Gymnoblastea, see Athecata, 12
Gymnodactylus (= *Phyllurus*), Sauria, 42
Gymnodinioides, Apostomatida, 9
Gymnodinium, Dinoflagellata, 6
Gymnodontes, see Tetraodontoidei, 41
Gymnolaemata, 21
Gymnophiona, 41
Gymnopis, Gymnophiona, 40
Gymnorhina, Passeres, 45
Gymnostomatida, 8
Gymnothorax, Apodes, 39
gymnotid eel (*Gymnotus*), Gymnotoidei, 38
Gymnotoidei, 38
Gymnotus, Gymnotoidei, 38
Gymnura, Batoidei, 37
Gymnura, see *Echinosorex*
Gynaecotyla, Digenea, 15
Gypaetus, Falconiformes, 44
Gyps, Falconiformes, 44
Gyratrix, Rhabdocoela, 13
Gyraulus, Basommatophora, 23
Gyrinophilus, Salamandroidea, 42
Gyrinus, Adephaga, 29
Gyrocotyle, Gyrocotylidea, 14
Gyrocotylidea, 14
Gyrodactyloidea, 14
Gyrodactylus, Capsaloidea, 14

Gyrodinium, Dinoflagellata, 6

H

Habrobracon (= *Bracon*), Apocrita, 30
Habrodesmus, Polydesmida, 26
Habronema, Spirurida, 19
Habrotrocha, Bdelloidea, 17
Hadropterus, Percoidei, 39
Haemadipsa, Gnathobdellida, 25
Haemaphysalis, Acari, 33
Haematobia, Cyclorrhapha, 30
Haematococcus, Phytomonadina, 6
Haematoloechus, Digenia, 15
Haematomyzus, Rhynchophthirina, 28
Haematopinus, Anoplura, 28
Haematopota, Brachycera, 29
Haematopus, Charadriiformes, 44
Haementeria, Rhynchobdellida, 25
Haemogamasus, Acari, 33
Haemogregarina, Adeleidea, 8
Haemolaelaps, Acari, 33
Haemonchus, Strongylina, 18
Haemonia, Polyphaga, 29
Haemopis, Gnathobdellida, 25
Haemoproteus, Haemosporidia, 8
Haemosporidia, 8
hagfishes (Hyperotreta), 37
hairy frog (*Astylosternus*), Diplasiocoela, 42
hake (*Merluccius*), Anacanthini, 39
Halacarus, Acari, 33
Halammohydra, Actinulida, 12
Halecium, Thecata, 12
Halichoerus, Pinnipedia, 47
Halichondria, Halichondrida, 11
Halichondrida, 11
Haliclona, Haplosclerida, 11
Haliclystus, Stauromedusae, 12
Halicryptus, Priapulida, 18
Halictus, Apocrita, 30
Haliotis, Archaeogastropoda, 22
Halipegus, Digenea, 15
Halisarca, Dendroceratida, 10
Halistemma, Siphonophora, 12
Halitholus, Athecata, 12
Halla, Polychaeta, 25
Halocordyle (= *Pennaria*), Athecata, 12
Halosauriformes, see Heteromi, 39
Halosaurus, Heteromi, 39
Halosydna, Polychaeta, 25
Halteria, Oligotrichida, 9
Haltica, Polyphaga, 29
Haminea, Pleurocoela, 23
Hamingia, Echiurida, 24

hammerhead (*Scopus*), Ciconiiformes, 43
— (*Sphyrna*), Galeoidei, 37
hamster (*Cricetus*), Myomorpha, 46
—, golden (*Mesocricetus*), Myomorpha, 46
*Hannemania, Acari, 33
Hanseniella, Symphyla, 26
Hapale, see *Callithrix*
Hapalemur, Prosimii, 46
Haplobothrioidea, 14
Haplobothrium, Haplobothrioidea, 14
*Haplochromis, Percoidei, 39
Haplodinium, Dinoflagellata, 6
Haplodoci, 41
Haplomi, 38
Haplosclerida, 11
*Haplosplanchnus, Digenea, 15
Haplosporidia, 8
Haplosporidium, Haplosporidia, 8
*Haplotrema, Stylommatophora, 23
Haptophrya, Astomatida, 9
hare (*Lepus*), Lagomorpha, 46
—, jumping (*Pedetes*), Sciuromorpha, 46
*Harmothoe, Polychaeta, 25
Harpacticoida, 31
Harpacticus, Harpacticoida, 31
*Harpalus, Adephaga, 29
*Harpodon, Myctophoidei, 38
Harrimania, Enteropneusta, 35
*Harringia, Ploima, 18
Harriotta, Holocephali, 37
hartebeeste (*Damaliscus*), Ruminantia, 48
*Hartmannella, Amoebina, 7
harvest spiders (Opiliones), 33
harvestmen (Opiliones), 33
*Hasstilesia, Digenea, 15
*Hastula, Stenoglossa, 23
Hatteria, see *Sphenodon*
hawk, sparrow (*Accipiter*), Falconiformes, 44
heart urchins (Spatangoida), 35
hedgehog (*Erinaceus*), Insectivora, 45
Hedriocystis, Heliozoa, 7
*Heleioporus, Procoela, 42
*Heliactis, see *Cereus*
*Helice, Reptantia, 32
Helicella, Stylommatophora, 23
Helicochetus, Spirostreptida, 26
*Helicolenus, Scorpaenoidei, 40
Helicosporidium, Sporozoa (end), 8
*Helicotylenchus, Tylenchida, 19
*Helina (= *Aricia*), Cyclorrhapha, 30
Heliocidaris, Echinoida, 34
Heliornis, Gruiformes, 44
*Heliosciurus, Sciuromorpha, 46
*Heliothis, Ditrysia, 29
Heliothrips, Thysanoptera, 28
Heliozoa, 7
*Helisoma, Basommatophora, 23
Helix, Stylommatophora, 23
hellbender (*Cryptobranchus*), Cryptobranchoidea, 41
*Helleria (= *Syspastus*), Isopoda, 31
helmet-shell (*Cassis*), Mesogastropoda, 22
Helminthomorpha, 26
Helobdella, Rhynchobdellida, 25
Heloderma, Sauria, 42
*Helodrilus, Oligochaeta, 25
*Heloecius, Reptantia, 32
*Hemachatus, Serpentes, 43
Hemerobius, Planipennia, 29
Hemicentrotus, Echinoida, 34
Hemichordata, 35–36
*Hemichromis, Percoidei, 39
Hemicidaroida, 34
Hemiclepsis, Rhynchobdellida, 25
*Hemiculter, Cyprinoidei, 38
Hemidactylus, Sauria, 42
*Hemidiaptomus, Calanoida, 30
*Hemiemblemaria, Blennioidei, 40
*Hemifusus, Stenoglossa, 23
*Hemigrammus, Characoidei, 38
*Hemigrapsus, Reptantia, 32
*Hemihaplochromis, Percoidei, 39
Hemimerina, 28
Hemimerus, Hemimerina, 28
Hemimetabola, see Palaeoptera, 27
—, see Paraneoptera, 28
—, see Polyneoptera, 27
Hemimysis, Mysidacea, 31
*Hemioniscus, Isopoda, 31
*Hemiplax, Reptantia, 32
Hemiptera, 28
*Hemitarsonemus, Acari, 33
Hemithyris, Rhynchonelloidea, 22
*Hemitripterus, Scorpaenoidei, 40
*Hemiurus, Digenea, 15
Henicops, Lithobiomorpharia, 26
Henneguya, Myxosporidia, 8
Henricia, Spinulosa, 35
*Hepatocystis, Haemosporidia, 8
*Hepatoides (= *Hepatus*), Reptantia, 32
Hepatoxylon, Tetrarhynchoidea, 15
Hepatozoon, Adeleidea, 8
*Hepatus, see *Hepatoides*
Hepialus, Monotrysia, 29
*Hepsetia, Mugiloidei, 40

Heptabrachia, Thecanephria, 33
*Heptagenia, Ephemeroptera, 27
*Heptathela, Araneae, 33
Heptranchias, Notidanoidei, 37
*Hermadion, Polychaeta, 25
Hermaea, Sacoglossa, 23
Hermesinum, Ebriideae, 6
*Hermione, Polychaeta, 25
hermit crab (*Dardanus*), Reptantia, 32
——(*Pagurus*), Reptantia, 32
heron (*Ardea*), Ciconiiformes, 43
Herpestes, Carnivora, 47
Herpetocypris, Podocopa, 30
*Herpetomonas, Protomonadina, 6
Herpobdella, see *Erpobdella*
herring (*Clupea*), Clupeoidei, 38
*Hesperoctenes, Heteroptera, 28
Heterakis, Ascaridina, 18
*Heterandria, Cyprinodontoidei, 39
Heterocoela, 11
Heterocotylea, see Monogenea, 14
*Heterocypris, Podocopa, 30
Heterodera, Tylenchida, 19
*Heterodon, Serpentes, 43
Heterodonta, 24
Heterodontus, Squaloidei, 37
Heterokrohnia, Chaetognatha, 33
*Heterometrus (= *Palamnaeus*), Scorpiones, 32
Heteromi, 39
Heteromyota, 24
*Heteromys, Sciuromorpha, 46
Heteronemertina, 17
Heterophyes, Digenea, 15
*Heteropoda, Araneae, 33
*Heteropora, Cyclostomata, 21
Heteroptera, 28
*Heterosaccus, Rhizocephala, 31
*Heteroscymnus, Squaloidei, 37
Heterosomata, 40
Heterotardigrada, 33
Heteroteuthis, Decapoda, 24
*Heterotis, Osteoglossoidei, 38
Heterotrichida, 9
Heterotrichina, 9
*Heterotylenchus, Tylenchida, 19
Heteroxenia, Alcyonacea, 12
Hexabothrium, Polystomatoidea, 14
Hexacrobylus, Aspiriculata, 36
*Hexactinella, Hexactinosa, 10
Hexactinellida, 10
Hexactinosa, 10
Hexadella, Dendroceratida, 10

*Hexagenia, Ephemeroptera, 27
*Hexagrammos (= *Labrax*), Scorpaenoidei, 40
Hexamastix, Metamonadina, 7
Hexamita, Distomatina, 7
Hexanchiformes, see Notidanoidei, 37
Hexapoda, see Insecta, 26
Hexarthra, Flosculariacea, 18
Hexasterophora, 10
*Hexelasma, Thoracica, 31
Hexostoma, Diclidophoroidea, 14
Hiatella, Desmodonta, 24
*Hilsa, Clupeoidei, 38
Himantarium, Geophilomorpha, 26
*Himasthla, Digenea, 15
*Hiodon, Notopteroidei, 38
*Hippa (= *Remipes*), Reptantia, 32
*—, see *Emerita*
*Hippasteria, Phanerozona, 35
*Hippobosca, Cyclorrhapha, 30
Hippocampus, Solenichthyes, 39
*Hippodamia, Polyphaga, 29
*Hippoglossina, Heterosomata, 40
*Hippoglossus, Heterosomata, 40
Hippolyte, Natantia, 32
Hippomorpha, 47
Hipponoe, see *Tripneustes*
*Hipponyx (= *Amalthea*), Mesogastropoda, 22
Hippopotamus, Suiformes, 47
hippopotamus (*Hippopotamus*), Suiformes, 47
*Hippopus, Heterodonta, 24
*Hipposideros, Microchiroptera, 45
*Hippospongia, Dictyoceratida, 10
*Hippothoa, Cheilostomata, 21
Hippotragus, Ruminantia, 48
Hircinia, see *Ircinia*
*Hirstionyssus, Acari, 33
*Hirudinaria, see *Poecilobdella*
Hirudinea, 25
Hirudo, Gnathobdellida, 25
*Hirundichthys, Exocoetoidei, 39
Hirundo, Passeres, 45
Hister, Polyphaga, 29
*Histiostoma, Acari, 33
Histomonas, Rhizomastigina, 7
*Histrio, Antennarioidei, 41
*Histriobdella, Polychaeta, 25
hoatzin (*Opisthocomus*), Galliformes, 44
Hodotermes, Isoptera, 27
Hofstenia, Alloeocoela, 13
hog louse (*Haematopinus*), Anoplura, 28

*Holaspis, Sauria, 42
Holasteroida, 35
*Holbrookia, Sauria, 42
Holectypoida, 35
*Holocentrus, Berycomorphi, 39
Holocephali, 37
Holometabola, see Oligoneoptera, 28
Holopeltida, 32
*Holophrya, Rhabdophorina, 8
*Holoporella, see *Celleporaria*
Holostei, 37
—, see Neopterygii, 37
*Holothuria, Aspidochirota, 34
Holothuroidea, 34
*Holothyrus, Acari, 33
Holotricha, 8–9
*Homalaspis, Reptantia, 32
*Homarus, Reptantia, 32
*Homo, Simiae, 46
Homocoela, 11
Homoptera, 28
Homosclerophora, 11
Homosclerophorida, 10
honey bee (*Apis*), Apocrita, 30
honey guide (*Indicator*), Piciformes, 44
hookworm (*Ancylostoma*), Strongylina, 18
— (*Necator*), Strongylina, 18
hoopoe (*Upupa*), Coraciiformes, 44
*Hoplias, Characoidei, 38
Hoplocarida, 32
*Hoplodactylus, Sauria, 42
Hoplonemertina, 17
*Hoploplana, Acotylea, 14
*Hoplosternum, Siluroidei, 39
*Hormiphora, Cydippida, 13
horn-bill (*Buceros*), Coraciiformes, 44
*Hornera, Cyclostomata, 21
hornet (*Vespa*), Apocrita, 30
horny sponges (Keratosa), 10
horse (*Equus*), Hippomorpha, 47
horse fly (*Tabanus*), Brachycera, 29
horse-hair worms (Nematomorpha), 18
horse-mussel (*Modiolus*), Anisomyaria, 23
horse roundworm (*Parascaris*), Ascaridina, 18
horse stomach worm (*Habronema*), Spirurida, 19
horseshoe bat (*Rhinolophus*), Microchiroptera, 45
house fly (*Musca*), Cyclorrhapha, 30
house mouse (*Mus*), Myomorpha, 46
*Hubrechtia, Palaeonemertina, 17
*Hucho, Salmonoidei, 38

human louse (*Pediculus*), Anoplura, 28
humming-bird (*Amazilia*), Apodiformes, 44
— (*Archilochus*), Apodiformes, 44
— (*Trochilus*), Apodiformes, 44
*Huro, Percoidei, 39
*Huso, Chondrostei. 37
*Hutchinsoniella, Cephalocarida, 30
*Hyaena, Carnivora, 47
hyaena, striped (*Hyaena*), Carnivora, 47
*Hyale, Amphipoda, 32
*Hyalella, Amphipoda, 32
*Hyalomma, Acari, 33
*Hyalonema, Amphidiscosa, 10
*Hyas, Reptantia, 32
*Hybernia, see *Erannis*
*Hyborhynchus, Cyprinoidei, 38
*Hybopsis, Cyprinoidei, 38
*Hydatina, see *Epiphanes*
*Hydnophora, Scleractinia, 13
*Hydra, Athecata, 12
*Hydractinia, Athecata, 12
*Hydrobates, Procellariiformes, 43
*Hydrobia, Mesogastropoda, 22
*Hydrochoerus, Hystricomorpha, 47
*Hydrocyon, Characoidei, 38
*Hydroides, Polychaeta, 25
hydroids (Hydrozoa), 12
*Hydrolagus, Holocephali, 37
*Hydrolimax, Alloeocoela, 13
Hydromedusae, see Hydrozoa, 12
*Hydrometra, Heteroptera, 28
*Hydrophilus, Polyphaga, 29
*Hydrophis, Serpentes, 43
*Hydropotes, Ruminantia, 48
*Hydropsyche, Trichoptera, 29
*Hydrous, see *Hydrophilus*
Hydrozoa, 12
*Hydrurus, Chrysomonadina, 6
*Hyemoschus, Ruminantia, 48
*Hyla, Procoela, 42
*Hylambates, Diplasiocoela, 42
*Hylecoetus, Polyphaga, 29
*Hylemyia, Cyclorrhapha, 30
*Hylobates, Simiae, 46
*Hylodes, see *Eleutherodactylus*
*Hymedesmia, Poecilosclerida, 11
*Hymeniacidon, Halichondrida, 11
*Hymenolepis, Cyclophyllidea, 15
*Hymenopenaeus, Natantia, 32
Hymenoptera, 30
Hymenostomatida, 8
*Hynobius, Cryptobranchoidea, 41
*Hyostrongylus, Strongylina, 18

Hyperia, Amphipoda, 32
Hypermastigina, see Metamonadina, 7
Hyperoartii, 36
*Hyperolius, Diplasiocoela, 42
Hyperoodon, Odontoceti, 47
Hyperotreta, 37
*Hyperprosopon, Percoidei, 39
*Hyphessobrycon, Characoidei, 38
Hypnarce, see *Hypnos*
Hypnos, Narcobatoidei, 37
*Hypochthonius, Acari, 33
*Hypocoma, Thigmotrichida, 9
Hypocomella, Thigmotrichida, 9
*Hypoderaeum, Digenea, 15
*Hypoderma, Cyclorrhapha, 30
Hypogeophis, Gymnophiona, 41
Hypomesus, Salmonoidei, 38
*Hyponomeuta, see *Yponomeuta*
*Hypopachus, Diplasiocoela, 42
**Hypophthalmichthys*, Cyprinoidei, 38
*Hypoplectrus, Percoidei, 39
*Hypopomus, Cyprinoidei, 38
*Hypoprion, Galeoidei, 37
Hypostomides, 40
Hypotremata, 37
Hypotrichida, 9
Hypsibius, Eutardigrada, 33
*Hypsiprymnodon, Marsupialia, 45
*Hypsopsetta, Heterosomata, 40
*Hyptiotes, Araneae, 33
Hyracoidea, 47
hyrax, tree (*Dendrohyrax*), Hyracoidea, 47
*Hyridella, Heterodonta, 24
*Hyriopsis, Heterodonta, 24
*Hysteromorpha, Digenea, 15
Hystrichis, Dioctophymatina, 19
Hystricomorpha, 47
Hystrix, Hystricomorpha, 47

I

*Iberus, Stylommatophora, 23
ibis (*Threskiornis*), Ciconiiformes, 43
Ibla, Thoracica, 31
*Icerya, Homoptera, 28
Ichneumon, Apocrita, 30
ichneumon fly (*Ichneumon*), Apocrita, 30
—— (*Nemeritis*), Apocrita, 30
*Ichthyocampus, Solenichthyes, 39
Ichthyomyzon, Hyperoartii, 36
Ichthyophis, Gymnophiona, 41
Ichthyophthirius, Tetrahymenina, 8
Icosteiformes, see Malacichthyes, 41
Icosteus, Malacichthyes, 41

*Ictalurus, Siluroidei, 39
*Ictiobus, Cyprinoidei, 38
*Idiacanthus, Stomiatoidei, 38
Idmonea, Cyclostomata, 21
Idotea, Isopoda, 32
Iguana, Sauria, 42
iguana (*Iguana*), Sauria, 42
Ikeda, Heteromyota, 24
*Ilisha, Clupeoidei, 38
*Illex, Decapoda, 24
Ilyanassa, Stenoglossa, 23
*Ilyodrilus, Oligochaeta, 25
*Ilyoplax (= *Tympanomerus*), Reptantia, 32
Inarticulata, 21
Incurvaria, Monotrysia, 29
Indian antelope (*Antilope*), Ruminantia, 48
Indian 'gharial' (*Gavialis*), Crocodylia, 43
Indicator, Piciformes, 44
*Indoplanorbis, Basommatophora, 23
*Inermicapsifer, Cyclophyllidea, 15
*Inermiphyllidum, Tetraphyllidea, 15
*Ingolfiella, Amphipoda, 32
Iniomi, 38
insect, fig- (*Blastophaga*), Apocrita, 30
—, leaf- (*Phyllium*), Phasmida, 27
—, scale (*Coccus*), Homoptera, 28
—, stick- (*Carausius*), Phasmida, 27
—, — (*Donusa*), Phasmida, 27
Insecta, 26–30
Insectivora, 45
Iodamoeba, Amoebina, 7
Ione, Isopoda, 32
Iphinoe, Cumacea, 31
*Iphita, Heteroptera, 28
*Ips (= *Tomicus*), Polyphaga, 29
Ircinia, Dictyoceratida, 10
*Irideo, Percoidei, 39
*Ischnochiton, Chitonida, 22
*Ischyropsalis, Opiliones, 33
*Isocardia, Heterodonta, 24
*Isocomides, Thigmotrichida, 9
*Isometrus, Scorpiones, 32
Isopoda, 32
*Isopsetta, Heterosomata, 40
Isoptera, 27
Isospondyli, 38
Isospora, Eimeriidea, 8
Isostoma, Arthropleona, 26
Isotricha, Trichostomatida, 8
*Istiompax, Scombroidei, 40
*Istiophorus, Scombroidei, 40
*Isuropsis, see *Isurus*
*Isurus (= *Isuropsis*), Galeoidei, 37

Ithone, Planipennia, 29
*Ixa, Reptantia, 32
Ixodes, Acari, 33

J

jacamar (*Galbula*), Piciformes, 44
Jacana, Charadriiformes, 44
jackal (*Canis*), Carnivora, 47
Jaculus, Myomorpha, 46
*Jaera, Isopoda, 31
jaguar (*Panthera*), Carnivora, 47
Jaguarius, see *Panthera*
*Jakobia, Echiurida, 24
*Janthina, Mesogastropoda, 22
Japanese deer (*Sika*), Ruminantia, 48
Japyx, Diplura, 27
Jassa, Amphipoda, 32
Jasus, Reptantia, 32
jelly fish (Scyphozoa), 12
*Jenynsia, Cyprinodontoidei, 39
jerboa (*Jaculus*), Myomorpha, 46
jerboa pouched mouse (*Antechinomys*), Marsupialia, 45
jigger (*Tunga*), Siphonaptera, 30
jird (*Meriones*), Myomorpha, 46
John Dory (*Zeus*), Zeomorphi, 39
Julida, 26
Juliformia, 26
Julus, Julida, 26
jumping hare (*Pedetes*), Sciuromorpha, 46
jumping mouse (*Zapus*), Myomorpha, 46
jumping plant louse (*Psylla*), Homoptera, 28

K

kagu (*Rhynochetos*), Gruiformes, 44
*Kakatoe, see *Cacatua*
kala-azar (*Leishmania*), Protomonadina, 6
Kalotermes, Isoptera, 27
*Kaloula, Diplasiocoela, 42
Kamptozoa, see Entoprocta, 21
kangaroo (*Macropus*), Marsupialia, 45
—, rat (*Bettongia*), Marsupialia, 45
—, —, (*Potorous*), Marsupialia, 45
*Kareius, see *Platichthys*
Karyolysus, Adeleidea, 8
*Kasatkia, Blennioidei, 40
*Katharina, Chitonida, 22
*Katsuwonus, Scombroidei, 40
*Kellia (=*Lasaea*), Heterodonta, 24
*Kellicottia, Ploima, 18
Keratella, Ploima, 18
Keratosa, 10
Kerona, Hypotrichida, 9

kestrel (*Falco*), Falconiformes, 44
keyhole limpet (*Megathura*), Archaeogastropoda, 22
Kidderia, see *Conchophthirus*
kidney worm, dog (*Dioctophyme*), Dioctophymatina, 19
killer whale (*Orcinus*), Odontoceti, 47
killifish (*Fundulus*), Cyprinodontoidei, 39
— (*Oryzias*), Cyprinodontoidei, 39
king crabs (Xiphosura), 32
kingfisher (*Alcedo*), Coraciiformes, 44
kinkajou (*Potos*), Carnivora, 47
Kinorhyncha, see Echinoderida, 18
*Kinosternon, Cryptodira, 42
*Kittacincla, Passeres, 45
kiwis (Apterygiformes), 43
*Kleemannia, Acari, 33
Klossia, Adeleidea, 8
*Klossiella, Adeleidea, 8
*Knemidokoptes, Acari, 33
koala (*Phascolarctos*), Marsupialia, 45
*Koellikerina, Athecata, 12
Koenenia, Palpigradi, 32
Kolga, Elasipoda, 34
Kraussina, Terebratelloidea, 22
kreef (*Jasus*), Reptantia, 32
krill (Euphausiacea), 32
Krohnitta, Chaetognatha, 33
Kurtoidei, 40
Kurtus, Kurtoidei, 40

L

*Labeo, Cyprinoidei, 38
Labia, Forficulina, 28
*Labidocera, Calanoida, 30
Labidoplax, Apoda, 34
*Labidostomma, Acari, 33
Labidura, Forficulina, 28
*Labiosa, Heterodonta, 24
*Labrax, see *Dicentrarchus*
*—, see *Hexagrammos*
*Labroides, Percoidei, 39
*Labrus, Percoidei, 39
Lacazella, Thecideoidea, 22
Lacerta, Sauria, 42
Lacertilia, see Sauria, 42
lacewing, brown (*Hemerobius*), Planipennia, 29
—, green (*Chrysopa*), Planipennia, 29
*Lachesis, Serpentes, 43
*Lachnus, Homoptera, 28
Lacistorhynchus, Tetrarhynchoidea, 15
*Lacuna, Mesogastropoda, 22

lady bird (*Coccinella*), Polyphaga, 29
*Laelaps, Acari, 33
*Laevapex, Basommatophora, 23
*Laevicardium, Heterodonta, 24
*Laevicaulis, see *Eleutherocaulis*
Laganina, 35
Laganum, Laganina, 35
*Lagidium (= *Viscaccia*), Hystricomorpha, 47
*Lagisca, Polychaeta, 25
*Lagochilascaris, Ascaridina, 18
*Lagodon, Percoidei, 39
Lagomorpha, 46
Lagopus, Galliformes, 44
*Lairdina, Gobioidei, 40
Lama, Tylopoda, 48
*Lambis, Mesogastropoda, 22
*Lamellaria, Mesogastropoda, 22
Lamellibranchia, see Bivalvia, 23
*Lamellidens, Heterodonta, 24
Lamellisabella, Thecanephria, 33
*Lamna, Galeoidei, 37
Lamniformes, see Galeoidei, 37
Lampanyctus, Myctophoidei, 38
Lampetra, Hyperoartii, 36
*Lampito, Oligochaeta, 25
lampreys (Hyperoartii), 36
Lampridiformes, see Allotriognathi, 39
Lampris, Allotriognathi, 39
*Lampsilis, Heterodonta, 24
*Lampyris, Polyphaga, 29
lancelet (*Branchiostoma*),
Cephalochordata, 36
land-slug (*Arion*), Stylommatophora, 23
— (*Limax*), Stylommatophora, 23
land snail (*Helix*), Stylommatophora, 23
langouste (*Palinurus*), Reptantia, 32
langur (*Presbytis*), Simiae, 46
*Lanistes, Mesogastropoda, 22
Lankesterella, Adeleidea, 8
lantern-fish (*Lampanyctus*),
Myctophoidei, 38
— (*Myctophum*), Myctophoidei, 38
lantern fly (*Phenax*), Homoptera, 28
*Laomedea, Thecata, 12
Laqueus, Terebratelloidea, 22
large roundworm (*Ascaris*), Ascaridina, 18
lark (*Alauda*), Passeres, 45
Laro-Limicolae, see Charadriiformes, 44
Larus, Charadriiformes, 44
Larvacea, 36
*Lasaea, see *Kellia*
*Lascoderma, see *Lasioderma*
*Lasioderma (= *Lascoderma*), Polyphaga, 29

*Lasius, Apocrita, 30
*Laspeyresia (= *Carpocapsa*), Ditrysia, 29
*Lateolabrax, Percoidei, 39
Laternula, Desmodonta, 24
*Lates, Percoidei, 39
Latimeria, Actinistia, 41
*Latreutes, Natantia, 32
*Latris, Percoidei, 39
Latrodectus, Araneae, 33
Laura, Ascothoracica, 31
leaf eelworm (*Aphelenchoides*),
Tylenchida, 19
leaf-hopper (*Empoasca*), Homoptera, 28
—, sugar cane (*Perkinsiella*), Homoptera, 28
leaf-insect (*Phyllium*), Phasmida, 27
Leander, see *Palaemon*
leathery turtle (*Dermochelys*),
Cryptodira, 42
*Lebia, Adephaga, 29
Lebistes, Cyprinodontoidei, 39
Lecane, Ploima, 18
Lecanicephala, 16
Lecanicephaloidea, 15
Lecanicephalum, Lecanicephaloidea, 15
*Lecanium, Homoptera, 28
*Lecithaster, Digenea, 15
*Lecithochirium, Digenea, 15
Lecudina, Eugregarina, 7
leech, amphibious (*Trocheta*),
Gnathobdellida, 25
leeches (Hirudinea), 25
*Lefua, Cyprinoidei, 38
*Leimonia (= *Limonia*), Ditrysia, 29
*Leiocephalus, Sauria, 42
*Leiochone, Polychaeta, 25
*Leiognathus, Percoidei, 39
Leiopelma, Amphicoela, 42
*Leiostomus, Percoidei, 39
*Leipoa (= *Lipoa*), Galliformes, 44
Leishmania, Protomonadina, 6
*Lembus, see *Cohnilembus*
lemming (*Lemmus*), Myomorpha, 46
Lemmus, Myomorpha, 46
Lemur, Prosimii, 46
lemur, common (*Lemur*), Prosimii, 46
—, flying (*Cynocephalus*), Dermoptera, 45
—, gentle (*Hapalemur*), Prosimii, 46
Lemuroidea, see Prosimii, 46
Lensia, Siphonophora, 12
*Lentidium (= *Corbulomya*), Desmodonta, 24
Leo, see *Panthera*
leopard (*Panthera*), Carnivora, 47
Lepadella, Ploima, 18

Lepadogaster, Xenopterygii, 41
Lepas, Thoracica, 31
*Lepeta, Archaeogastropoda, 22
*Lepidochelys, Cryptodira, 42
Lepidochiton, see *Lepidochitona*
Lepidochitona, Chitonida, 22
Lepidodermella, Chaetonotoidea, 18
*Lepidonotus, Polychaeta, 25
Lepidopleurida, 22
Lepidopleurus, Lepidopleurida, 22
*Lepidopsetta, Heterosomata, 40
Lepidoptera, 29
Lepidopus, Trichiuroidei, 40
*Lepidorhinus, see *Centrophorus*
*Lepidosaphes, Homoptera, 28
Lepidosiren, Dipnoi, 41
Lepidosteus, see *Lepisosteus*
*Lepidoteuthis, Decapoda, 24
*Lepidotrigla, Scorpaenoidei, 40
Lepidurus, Notostraca, 30
Lepisma, Thysanura, 27
Lepisosteiformes, see Ginglymodi, 37
Lepisosteus, Ginglymodi, 37
*Lepocreadium, Digenea, 15
*Lepoderma, see *Plagiorchis*
*Lepomis, Percoidei, 39
Leptasterias, Forcipulata, 35
*Leptinogaster, Cyclopoida, 30
Leptinotarsa, Polyphaga, 29
Leptis, see *Rhagio*
Leptocardii, see Cephalochordata, 36
Leptochelia, Tanaidacea, 31
*Leptocottus, Scorpaenoidei, 40
*Leptodactylus, Procoela, 42
*Leptodius, Reptantia, 32
Leptodora, Cladocera, 30
*Leptograpsus, Reptantia, 32
Leptomedusae, see Thecata, 12
Leptomonas, Protomonadina, 6
Leptomyxa, Amoebina, 7
*Leptophlebia, Ephemeroptera, 27
*Leptophyllum, Julida, 26
*Leptoplana, Acotylea, 14
*Leptopsylla, Siphonaptera, 30
*Leptorhynchoides, Palaeacanthocephala, 20
Leptostraca, 31
Leptosynapta, Apoda, 34
Leptotheca, Myxosporidia, 8
*Leptotyphlops, Serpentes, 43
Lepus, Lagomorpha, 46
—, see *Oryctolagus*
Lernaea, Cyclopoida, 31
—, see *Lernaeocera*

Lernaeocera, Caligoida, 31
—, see *Lernaea*
Lernaeodiscus, Rhizocephala, 31
Lernaeopodoida, 31
lesser anteater (*Tamandua*), Edentata, 46
lesser octopus (*Eledone*), Octopoda, 24
Lestes, Zygoptera, 27
Lestris, see *Stercorarius*
*Lethocerus, Heteroptera, 28
*Leucaltis, Leucettida, 10
*Leucandra, see *Leuconia*
Leucascus, Leucettida, 10
*Leucaspius, Cyprinoidei, 38
Leucetta, Leucettida, 10
Leucettida, 10
*Leucichthys, Salmonoidei, 38
Leucilla, Sycettida, 10
*Leuciscus, Cyprinoidei, 38
*Leuckartiara (= *Turris*), Athecata, 12
*Leucochloridium, Digenea, 15
Leucocytozoon, Haemosporidia, 8
*Leuconia (= *Leucandra*), Sycettida, 10
*Leucophaea, Blattodea, 27
Leucorrhinia, Anisoptera, 27
Leucosolenia, Leucosoleniida, 10
Leucosoleniida, 10
Leucothea, Lobata, 13
*Leuresthes, Mugiloidei, 40
*Leurognathus, Salamandroidea, 42
*Levantina, Stylommatophora, 23
Libellula, Anisoptera, 27
*Libinia, Reptantia, 32
lice (Phthiraptera), 28
—, biting (Mallophaga), 28
—, book (Psocoptera), 28
—, sucking (Anoplura), 28
Lichenopora, Cyclostomata, 21
Licnophora, Licnophorina, 9
Licnophorina, 9
*Liga, Cyclophyllidea, 15
Ligia, Isopoda, 32
Ligula, Pseudophyllidea, 14
*Liguus, Stylommatophora, 23
lily trotter (*Jacana*), Charadriiformes, 44
Lima, Anisomyaria, 23
Limacina, see *Spiratella*
Limacomorpha, see Glomeridesmida, 26
Limanda, Heterosomata, 40
Limapontia, Sacoglossa, 23
Limax, Stylommatophora, 23
*Limia, Cyprinodontoidei, 39
Limicolae, 25 (footnote)
Limnadia, Conchostraca, 30

Limnaea, see *Lymnaea*
Limnephilus, Trichoptera, 29
*Limnesia, Acari, 33
*Limnobdella, Gnathobdellida, 25
*Limnocalanus, Calanoida, 30
Limnocnida, Limnomedusae, 12
*Limnodrilus, Oligochaeta, 25
*Limnodynastes, Procoela, 42
Limnomedusae, 12
*Limnomysis, Mysidacea, 31
Limnophilus, see *Limnephilus*
Limnoria, Isopoda, 32
*Limonia, Nematocera, 29
*—, see *Leimonia*
*Limosa, Charadriiformes, 44
limpet (*Acmaea*), Archaeogastropoda, 22
— (*Patella*), Archaeogastropoda, 22
—, fresh-water (*Ancylastrum*), Basommatophora, 23
—, — (*Ancylus*), Basommatophora, 23
—, keyhole (*Megathura*), Archaeogastropoda, 22
—, slipper (*Crepidula*), Mesogastropoda, 22
limpkin (*Aramus*), Gruiformes, 44
Limulida, see *Xiphosura*, 32
Limulus, Xiphosura, 32
*Lina, see *Melasoma*
*Linckia, Phanerozona, 35
Lineus, Heteronemertina, 17
Linguatula, Porocephalida, 33
Linguatulida, see Pentastomida, 33
Lingula, Atremata, 21
Linognathus, Anoplura, 28
*Lintricula, Stenoglossa, 23
Linuche, Coronatae, 12
*Linyphia, Araneae, 33
*Liobunum, Opiliones, 33
lion (*Panthera*), Carnivora, 47
—, Californian sea (*Zalophus*), Pinnipedia, 47
—, mountain (*Felis*), Carnivora, 47
—, sea (*Otaria*), Pinnipedia, 47
*Lionotus, see *Litonotus*
Liopelma, see *Leiopelma*
*Liopsetta, Heterosomata, 40
*Liothyrella, Terebratuloidea, 22
*Liparis, Scorpaenoidei, 40
Lipeurus, Mallophaga, 28
*Liphistius, Araneae, 33
*Lipoa, see *Leipoa*
*Liponyssoides (= *Allodermanyssus*), Acari, 33
Liposcelis, Psocoptera, 28

Lipotropha, Schizogregarina, 7
Liriope, Trachymedusae, 12
Lirus, Stromateoidei, 40
*Lissemys, Cryptodira, 42
*Lissodendoryx, Poecilosclerida, 11
*Listriolobus, Echiurida, 24
*Listrophorus, Acari, 33
Lithacrosiphon, Sipuncula, 24
Lithistida, 10
Lithobiomorpha, 26
Lithobiomorpharia, 26
Lithobius, Lithobiomorpharia, 26
*Lithodes, Reptantia, 32
*Lithodomus, see *Lithophaga*
*Lithoglyphus, Mesogastropoda, 22
*Lithophaga (= *Lithodomus*), Anisomyaria, 23
*Litomastix, Apocrita, 30
*Litomosoides, Spirurida, 19
*Litonotus (= *Lionotus*), Rhabdophorina, 8
Littorina, Mesogastropoda, 22
*Littorivaga, Mesogastropoda, 22
liver fluke, cattle and sheep (*Dicrocoelium*), Digenea, 15
— —, — — (*Fasciola*), Digenea, 15
— —, disease, Chinese (*Clonorchis*), Digenea, 15
*Liza, Mugiloidei, 40
lizard, green (*Lacerta*), Sauria, 42
—, wall (*Lacerta*), Sauria, 42
lizard-fish (*Synodus*), Myctophoidei, 38
lizards (Sauria), 42
llama (*Lama*), Tylopoda, 48
Loa, Spirurida, 19
Lobata, 13
*Lobotes, Percoidei, 39
lobster (*Homarus*), Reptantia, 32
—, Norway (*Nephrops*), Reptantia, 32
—, rock (*Panulirus*), Reptantia, 32
locust (*Locusta*), Caelifera, 28
— (*Schistocerca*), Caelifera, 28
—, grouse (*Tetrix*), Caelifera, 28
Locusta, Caelifera, 28
loggerhead sponge (*Spheciospongia*), Clavaxinellida, 10
Loligo, Decapoda, 24
*Lomechusa, Polyphaga, 29
long necked turtle (*Chelodina*), Pleurodira, 42
longhorned grasshoppers (Ensifera), 27
*Longidorus, Dorylaimina, 19
*Lopadorhynchus, Polychaeta, 25
Lophelia, Scleractinia, 13

Lophiiformes, see Pediculati, 41
Lophioidei, 41
Lophiomys, Myomorpha, 46
Lophius, Lophioidei, 41
Lophogaster, Mysidacea, 31
*Lopholaimus, Columbiformes, 44
*Lopholatilus, Percoidei, 39
Lophomonas, Metamonadina, 7
*Lophopanopeus, Reptantia, 32
Lophopoda, see Phylactolaemata, 21
*Lophopodella, Phylactolaemata, 21
Lophoproctus, Polyxenida, 25
Lophopus, Phylactolaemata, 21
*Lophortyx, Galliformes, 44
*Lophosaura, see *Microsaura*
*Loricaria, Siluroidei, 39
Loricata, see Crocodylia, 43
—, see Polyplacophora, 22
Loricati, see Scleroparei, 40
*Loripes, Heterodonta, 24
Loris, Prosimii, 46
loris (*Loris*), Prosimii, 46
*Lota, Anacanthini, 39
*Lottia, Archaeogastropoda, 22
louse, crab (*Phthirus*), Anoplura, 28
—, elephant (*Haematomyzus*), Rhynchophthirina, 28
—, fowl (*Lipeurus*), Mallophaga, 28
—, hog (*Haematopinus*), Anoplura, 28
—, human (*Pediculus*), Anoplura, 28
—, jumping plant (*Psylla*), Homoptera, 28
—, plant (*Aphis*), Homoptera, 28
—, shaft (*Menopon*), Mallophaga, 28
—, whale (*Cyamus*), Amphipoda, 32
Lovenia, Spatangoida, 35
Loxechinus, Echinoida, 34
*Loxia, Passeres, 45
Loxocalyx, Loxosomatidae, 21
*Loxodes, Rhabdophorina, 8
Loxodonta, Proboscidea, 47
*Loxosceles, Araneae, 33
Loxosoma, Loxosomatidae, 21
Loxosomatidae, 21
Loxosomella, Loxosomatidae, 21
*Loxostege, Ditrysia, 29
Lucanus, Polyphaga, 29
Lucernaria, Stauromedusae, 12
lucerne flea (*Sminthurus*), Symphypleona, 26
*Lucifer, Natantia, 32
Lucifuga, Ophidioidei, 40
Lucilia, Cyclorrhapha, 30
Lucina, Heterodonta, 24

*Luciola, Polyphaga, 29
*Lucioperca, Percoidei, 39
*Luciopimelodus, Siluroidei, 39
lugworm (*Arenicola*), Polychaeta, 25
Luidia, Phanerozona, 35
*Lumbriconereis, Polychaeta, 25
*Lumbriculus, Oligochaeta, 25
Lumbricus, Oligochaeta, 25
*Luminodesmus, see *Xystocheir*
*Lumpenopsis, Blennioidei, 40
*Lumpenus, Blennioidei, 40
lumpfish (*Cyclopterus*), Scorpaenoidei, 40
*Lunatia, Mesogastropoda, 22
lung-fishes (Dipnoi), 41
lung fluke (*Paragonimus*), Digenea, 15
lung nematode (*Rhabdias*), Rhabditina, 18
lungworm (*Dictyocaulus*), Strongylina, 18
— (*Metastrongylus*), Strongylina, 18
— (*Muellerius*), Strongylina, 18
*Lutianus, see *Lutjanus*
*Lutjanus (= *Lutianus*), Percoidei, 39
Lutra, Carnivora, 47
*Lycaena, Ditrysia, 29
*Lychas, Scorpiones, 32
Lychniscosa, 10
*Lycosa, Araneae, 33
*Lycoteuthis, Decapoda, 24
*Lygaeus, Heteroptera, 28
*Lygodactylus, Sauria, 42
*Lygosoma, Sauria, 42
*Lygus, Heteroptera, 28
Lymantria, Ditrysia, 29
Lymnaea, Basommatophora, 23
Lyomeri, 38
*Lyperosia, Cyclorrhapha, 30
*Lyperosomum, Digenea, 15
lyre-bird (*Menura*), Menurae, 45
Lysiosquilla, Stomatopoda, 32
*Lysiphlebus, see *Aphidius*
*Lysmata, Natantia, 32
Lyssacinosa, 10
Lytechinus, Temnopleuroida, 34
*Lytocarpus, Thecata, 12

M

*Mabuya, Sauria, 42
Macaca, Simiae, 46
*Macandrevia, Terebratelloidea, 22
macaque (*Macaca*), Simiae, 46
Machadoella, Schizogregarina, 7
Machilis, Thysanura, 27
mackerel (*Scomber*), Scombroidei, 40
*Macoma, Heterodonta, 24

Macracanthorhynchus, Archiacanthocephala, 20
Macraspis, Aspidogastrea, 15
Macrobdella, Gnathobdellida, 25
Macrobiotus, Eutardigrada, 33
Macrobrachium, Natantia, 32
*Macrocentrus, Apocrita, 30
*Macrocephalon (= *Megacephalum*), Galliformes, 44
*Macrocheles (= *Nothrolapsis*), Acari, 33
Macrochires, see Apodiformes, 44
*Macrochlamys, Stylommatophora, 23
*Macrocyclops, Cyclopoida, 30
Macrodasyoidea, 18
*Macroglossa, Ditrysia, 29
Macrognathus, Opisthomi, 41
*Macronectes, Procellariiformes, 43
Macronema, Trichoptera, 29
*Macropipus (= *Portunus*), Reptantia, 32
*Macropodia (= *Stenorhynchus*), Reptantia, 32
*Macropodus, Anabantoidei, 40
Macropus, Marsupialia, 45
Macrorhamphosus, Solenichthyes, 39
Macroscelides, Insectivora, 45
*Macrosiphum, Homoptera, 28
Macrostomum, Rhabdocoela, 13
Macrourus, Anacanthini, 39
Macruriformes, see Anacanthini, 39
Mactra, Heterodonta, 24
*Madracis, Scleractinia, 13
Madrepora, see *Acropora*
*— (= *Amphihelia*), Scleractinia, 13
Magellania, Terebratelloidea, 22
Magelona, Polychaeta, 25
Magicicada, Homoptera, 28
*Maia (= *Maja*), Reptantia, 32
mail-cheeked fishes (Scleroparei), 40
*Maja, see *Maia*
*Makaira, Scombroidei, 40
Malacichthyes, 41
*Malaclemys, Cryptodira, 42
Malacobdella, Bdellonemertina, 17
*Malacocephalus, Anacanthini, 39
Malacocotylea, see Digenea, 15
Malacopterygii, see Isospondyli, 38
*Malacosoma, Ditrysia, 29
*Malacosteus, Stomiatoidei, 38
Malacostraca, 31–32
*Malakichthys, Percoidei, 39
Malapterurus, Siluroidei, 39
malaria (*Plasmodium*), Haemosporidia, 8
Malayan gavial (*Tomistoma*), Crocodylia, 43

Maldane, Polychaeta, 25
Mallomonas, Chrysomonadina, 6
Mallophaga, 28
*Mallotus, Salmonoidei, 38
*Malmgrenia, Polychaeta, 25
Mammalia, 45–48
man (*Homo*), Simiae, 46
manatee (*Trichechus*), Sirenia, 47
*Mancinella, Stenoglossa, 23
mandrill (*Mandrillus*), Simiae, 46
Mandrillus, Simiae, 46
maned rat (*Lophiomys*), Myomorpha, 46
mangabey (*Cercocebus*), Simiae, 46
*Mangelia, Stenoglossa, 23
*Manicina, Scleractinia, 13
Manis, Pholidota, 46
mantids (Mantodea), 27
Mantis, Mantodea, 27
mantis shrimps (Stomatopoda), 32
Mantispa, Planipennia, 29
Mantodea, 27
Manx shearwater, 43 (footnote)
*Marcusenius, Mormyroidei, 38
*Margaretta (= *Tubucellaria*), Cheilostomata, 21
Margaritifera, Heterodonta, 24
*Margarodes, Homoptera, 28
*Margaropus, Acari, 33
*Mariaella, Stylommatophora, 23
Maricola, 14
*Marinogammarus, Amphipoda, 32
*Marisa (= *Ceratodes*), Mesogastropoda, 22
*Marlina, Scombroidei, 40
*Marmosa, Marsupialia, 45
marmoset (*Hapale*), Simiae, 46
marmot (*Marmota*), Sciuromorpha, 46
Marmota, Sciuromorpha, 46
Marsipobranchii, 36–37
marsupial frog (*Gastrotheca*), Procoela, 42
Marsupialia, 45
marten (*Martes*), Carnivora, 47
Martes, Carnivora, 47
*Martesia, Desmodonta, 24
Marthasterias, Forcipulata, 35
Mastacembeliformes, see Opisthomi, 41
Mastacembelus, Opisthomi, 41
*Masticophis, Serpentes, 43
Mastigamoeba, Rhizomastigina, 7
Mastigias, Rhizostomae, 12
Mastigophora, 6–7
Mastigoproctus, Holopeltida, 32
Mastomys, see *Rattus* (*Mastomys*)
Mastotermes, Isoptera, 27

matamata (*Chelus*), Pleurodira, 42
Maticora, Serpentes, 43
Matuta, Reptantia, 32
Maupasella, Astomatida, 9
Mauritia, Mesogastropoda, 22
Maurolicus, Stomiatoidei, 38
Mayetiola, Nematocera, 29
may-flies (Ephemeroptera), 27
Mayorella, Amoebina, 7
Mazama, Ruminantia, 48
Mazocraes, Diclidophoroidea, 14
mealworm (*Tenebrio*), Polyphaga, 29
Meandrina, Scleractinia, 13
Mecistocephalus, Geophilomorpha, 26
Mecoptera, 29
medaka (*Oryzias*), Cyprinodontoidei, 39
Mediappendix, Stylommatophora, 23
Mediorhynchus, Archiacanthocephala, 20
medusae (Hydrozoa), 12
Megacephalum, see *Macrocephalon*
Megachile, Apocrita, 30
Megachiroptera, 45
Megacyclops, Cyclopoida, 30
Megalaspis, Percoidei, 39
Megaligia, Isopoda, 31
Megalobatrachus, Cryptobranchoidea, 41
Megalodiscus, Digenea, 15
Megalomma, Polychaeta, 25
Megalops, Clupeoidei, 38
Megaloptera, 28
Megalotrocha, see *Sinantherina*
Meganyctiphanes, Euphausiacea, 32
megapode (*Megapodius*), Galliformes, 44
Megapodius, Galliformes, 44
Megaptera, Mysticeti, 47
Megascolides, Oligochaeta, 25
Megastomatobus, Cyprinoidei, 38
Megathura, Archaeogastropoda, 22
Megathyris, Terebratelloidea, 22
Megophrys, Anomocoela, 42
Megoura, Homoptera, 28
Melampus, Basommatophora, 23
Melania, see *Thiara*
Melanocetus, Ceratioidei, 41
Melanogrammus, Anacanthini, 39
Melanoides, Mesogastropoda, 22
Melanoplus, Caelifera, 28
Melanotus, Polyphaga, 29
Melasoma (=*Lina*), Polyphaga, 29
Meleagrina, see *Pinctada*
Meleagris, Galliformes, 44
Meleagroteuthis, Decapoda, 24
Meles, Carnivora, 47
Melicerta, see *Floscularia*
Meligethes, Polyphaga, 29
Melinna, Polychaeta, 25
Meliphaga, Passeres, 45
Melittobia, Apocrita, 30
Mellita, Scutellina, 35
Mellivora, Carnivora, 47
Melo, see *Cymbium*
Meloe, Polyphaga, 29
Meloidogyne, Tylenchida, 19
Melolontha, Polyphaga, 29
Melongena, Stenoglossa, 23
Melophagus, Cyclorrhapha, 30
Melopsittacus, Psittaciformes, 44
Melospiza, Passeres, 45
Membranipora, Cheilostomata, 21
Membras, Mugiloidei, 40
Mene, Percoidei, 39
Menetus, Basommatophora, 23
Menidia, Mugiloidei, 40
Menippe, Reptantia, 32
Menopon, Mallophaga, 28
Menura, Menurae, 45
Menurae, 45
Mephitis, Carnivora, 47
Mercierella, Polychaeta, 25
Meretrix, Heterodonta, 24
Merga, Athecata, 12
Mergus, Anseriformes, 43
Meriones, Myomorpha, 46
Merluccius, Anacanthini, 39
Mermis, Dorylaimina, 19
Mermithoidea, 19
Merocystis, Eimeriidea, 8
Merodon, Cyclorrhapha, 30
Merogregarina, Archigregarina, 7
Merops, Coraciiformes, 44
Merostomata, 32
Mesembrina, Cyclorrhapha, 30
Mesenchytraeus, Oligochaeta, 25
Mesidotea, Isopoda, 31
Mesocestoides, Cyclophyllidea, 15
Mesocoelium, Digenea, 15
Mesocricetus, Myomorpha, 46
Mesocyclops, Cyclopoida, 30
Mesodon, see *Polygyra*
Mesoenas, Gruiformes, 44
Mesogastropoda, 22
—, see Stenoglossa, 23
Mesomysis, Mysidacea, 31
Mesonemertina, see Palaeonemertina, 17
Mesoplodon, Odontoceti, 47
Mesothuria, Aspidochirota, 34

Mesozoa, 9
Mespilia, Temnopleuroida, 34
*Messor, Apocrita, 30
*Meta, Araneae, 33
Metabola, see Pterygota, 27
Metachirus, Marsupialia, 45
Metacrinus, Articulata, 34
*Metagonimus, Digenea, 15
Metamonadina, 7
*Metapenaeus, Natantia, 32
*Metaphidippus, Araneae, 33
Metastrongylus, Strongylina, 18
*Metatetranychus, see *Panonychus*
Metatheria, 45
Metis, Harpacticoida, 31
Metopidia, see *Lepadella*
*Metopograpsus, Reptantia, 32
Metridia, Calanoida, 30
Metridium, Actiniaria, 13
Mexican digger toad (*Rhinophrynus*), Procoela, 42
*Micipsella, Spirurida, 19
Microbisium, Pseudoscorpiones, 32
Microchiroptera, 45
Microchordeuma, Chordeumida, 26
Microciona, Poecilosclerida, 11
Microcotyle, Diclidophoroidea, 14
Microcyema, Dicyemida, 9
Microcyprini, 39
Microdina, see *Philodinavus*
*Microdipodops, Sciuromorpha, 46
*Microgadus, Anacanthini, 39
Microgromia, Testacea, 7
Microhyla, Diplasiocoela, 42
*Micromys, Myomorpha, 46
*Micronecta, Heteroptera, 28
*Micronematus, see *Pristiphora*
Microphis, Solenichthyes, 39
Microplana, Terricola, 14
Micropleura, Spirurida, 19
Micropodiformes, see Apodiformes, 44
*Micropogon, Percoidei, 39
*Microporella, Cheilostomata, 21
*Micropterus, Percoidei, 39
Micropteryx, Zeugloptera, 29
Micropus, see *Apus*
*Microsaura (= *Lophosaura*), Sauria, 42
Microsclerophora, see Homosclerophora, 11
*Microspio, Polychaeta, 25
Microsporidia, 8
*Microstomum, Rhabdocoela, 13
*Microstomus, Heterosomata, 40

Microthelyphonida, see Palpigradi, 32
Microtus, Myomorpha, 46
micro-whip scorpions (Palpigradi), 32
*Micrura, Heteronemertina, 17
*Micrurus (= *Elaps*), Serpentes, 43
midge, non-biting (*Chironomus*), Nematocera, 29
—, pear (*Contarinia*), Nematocera, 29
midwife toad (*Alytes*), Opisthocoela, 42
Mikadotrochus, Archaeogastropoda, 22
*Milax, Stylommatophora, 23
Miliola, Foraminifera, 7
Millepora, Athecata, 12
miller's thumb (*Cottus*), Scorpaenoidei, 40
millipedes (Diplopoda), 25–26
Milnesium, Eutardigrada, 33
*Mimetus, Araneae, 33
Minchinella, Pharetronida, 10
*Miniopterus, Microchiroptera, 45
mink (*Mustela*), Carnivora, 47
minnow (*Phoxinus*), Cyprinoidei, 38
Miripinnati, 38
Mirounga, Pinnipedia, 47
*Misgurnus, Cyprinoidei, 38
*Missulena, Araneae, 33
mite (*Acarus*), Acari, 33
— (*Dermanyssus*), Acari, 33
— (*Pyemotes*), Acari, 33
— (*Trombicula*), Acari, 33
*Mitella, Thoracica, 31
*Mithrax, Reptantia, 32
*Mitopus, Opiliones, 33
*Mitra, Stenoglossa, 23
Mnemiopsis, Lobata, 13
*Modiolaria, see *Musculus*
Modiolus, Anisomyaria, 23
Moina, Cladocera, 30
Mola, Tetraodontoidei, 41
Molanna, Trichoptera, 29
mole, common old world (*Talpa*), Insectivora, 45
—, eastern (*Scalopus*), Insectivora, 45
—, golden (*Chrysochloris*), Insectivora, 45
—, star-nosed (*Condylura*), Insectivora, 45
mole cricket (*Gryllotalpa*), Ensifera, 27
mole rat (*Spalax*), Myomorpha, 46
mole salamander (*Ambystoma*), Ambystomatoidea, 42
Molgula, Stolidobranchiata, 36
Molineus, Strongylina, 18
*Mollienisia, Cyprinodontoidei, 39
Mollusca, 22–24
*Molothrus (= *Agelaioides*), Passeres, 45

Molpadia, Molpadonia, 34
Molpadonia, 34
Momotus, Coraciiformes, 44
*Monacanthus, Balistoidei, 41
Monas, Protomonadina, 6
*Monetaria (= *Aricia*), Mesogastropoda, 22
mongoose (*Herpestes*), Carnivora, 47
Monhystera, Chromadorida, 19
Monhysteroidea, 19
Moniezia, Cyclophyllidea, 15
Moniliformis, Archiacanthocephala, 20
monkey, spider (*Ateles*), Simiae, 46
—, squirrel (*Saimiri*), Simiae, 46
monkeys, African tree (*Cercopithecus*), Simiae, 46
Monocelis, Alloeocoela, 13
Monocentris, Berycomorphi, 39
Monocercomonas, Metamonadina, 7
Monocystis, Eugregarina, 7
Monodella, Thermosbaenacea, 31
*Monodonta, Archaeogastropoda, 22
Monogenea, 14
Monogononta, 18
Monomastigocystis, Heliozoa, 7
*Monommata, Ploima, 18
Mononchus, Enoplina, 19
Monopisthocotylea, 14
Monoplacophora, 22
Monorhaphis, Amphidiscosa, 10
Monosiga, Protomonadina, 6
Monostyla, Ploima, 18
Monostylifera, 17
Monotocardia, see Mesogastropoda, 22
—, see Stenoglossa, 23
Monotoplana, Alloeocoela, 13
Monotremata, 45
Monotrysia, 29
Monstrilla, Monstrilloida, 30
Monstrilloida, 30
*Montacuta, Heterodonta, 24
*Montastrea, Scleractinia, 13
moon rat (*Echinosorex*), Insectivora, 45
moon-fish (*Lampris*), Allotriognathi, 39
moose (*Alces*), Ruminantia, 48
*Mopalia, Chitonida, 22
moray (*Muraena*), Apodes, 39
*Mormoniella (= *Nasonia*), Apocrita, 30
Mormyroidei, 38
*Mormyrus, Mormyroidei, 38
Morone, Percoidei, 39
*Moroteuthis, Decapoda, 24
Moschus, Ruminantia, 48

mosquito (*Anopheles*), Nematocera, 29
— (*Culex*), Nematocera, 29
*Motacilla, Passeres, 45
*Motella, see *Gaidropsarus*
moth, atlas (*Attacus*), Ditrysia, 29
—, bag-worm (*Psyche*), Ditrysia, 29
—, clothes (*Tinea*), Ditrysia, 29
—, death's head hawk (*Acherontia*), Ditrysia, 29
—, flour (*Ephestia*), Ditrysia, 29
—, ghost (*Hepialus*), Monotrysia, 29
—, gipsy (*Lymantria*), Ditrysia, 29
—, goat (*Cossus*), Ditrysia, 29
—, grain (*Sitotroga*), Ditrysia, 29
—, pine shoot (*Evetria*), Ditrysia, 29
—, silk (*Bombyx*), Ditrysia, 29
—, wax (*Galleria*), Ditrysia, 29
motmot (*Momotus*), Coraciiformes, 44
mountain beaver (*Aplodontia*), Sciuromorpha, 46
mountain lion (*Felis*), Carnivora, 47
mouse, deer (*Peromyscus*), Myomorpha, 46
—, house (*Mus*), Myomorpha, 46
—, jerboa pouched (*Antechinomys*), Marsupialia, 45
—, jumping (*Zapus*), Myomorpha, 46
—, wood (*Apodemus*), Myomorpha, 46
mouse birds (Coliiformes), 44
mouse pinworm (*Aspiculuris*), Ascaridina, 18
— threadworm (*Aspiculuris*), Ascaridina, 18
*Moxostoma, Cyprinoidei, 38
Mrazekia, Microsporidia, 8
mud-eel (*Siren*), Trachystomata, 42
mud-minnow (*Umbra*), Haplomi, 38
mud-puppy (*Necturus*), Proteida, 42
mud-skipper (*Periophthalmus*), Gobioidei, 40
Muellerius, Strongylina, 18
Muggiaea, Siphonophora, 12
Mugil, Mugiloidei, 40
Mugiloidei, 40
Mulinia, Heterodonta, 24
mullets, grey (Mugiloidei), 40
*Mullus, Percoidei, 39
multimammate rat (*Rattus* (*Mastomys*)), Myomorpha, 46
*Munida, Reptantia, 32
Muntiacus, Ruminantia, 48
muntjak (*Muntiacus*), Ruminantia, 48
Muraena, Apodes, 39
*Muraenesox, Apodes, 39
Murex, Stenoglossa, 23

*Murgantia, Heteroptera, 28
*Murrayona, Pharetronida, 10
Mus, Myomorpha, 46
Musca, Cyclorrhapha, 30
Muscardinus, Myomorpha, 46
Musculium, Heterodonta, 24
Musculus (= *Modiolaria*), Anisomyaria, 23
musk deer (*Moschus*), Ruminantia, 48
musk ox (*Ovibos*), Ruminantia, 48
muskrat (*Ondatra*), Myomorpha, 46
Musophaga, Cuculiformes, 44
Mussa, Scleractinia, 13
mussel (*Mytilus*), Anisomyaria, 23
—, fan- (*Pinna*), Anisomyaria, 23
—, fresh-water (*Unio*), Heterodonta, 24
—, horse- (*Modiolus*), Anisomyaria, 23
—, pearl- (*Margaritifera*) Heterodonta, 24
—, swan- (*Anodonta*), Heterodonta, 24
—, zebra- (*Dreissena*), Heterodonta, 24
Mustela, Carnivora, 47
Mustelus, Galeoidei, 37
Mutela, Heterodonta, 24
Mutilla, Apocrita, 30
Mya, Desmodonta, 24
Mycale, Poecilosclerida, 11
Mycetophila, Nematocera, 29
Mycetozoa, 7
Mycteroperca, Percoidei, 39
Myctophoidei, 38
Myctophum, Myctophoidei, 38
Myianoetus, Acari, 33
Mylio (= *Acanthopagrus*), Percoidei, 39
Myliobatis, Batoidei, 37
Mylopharyngodon, Cyprinoidei, 38
Myobia, Acari, 33
Myocastor, Hystricomorpha, 47
Myocheres, Cyclopoida, 30
Myocoptes, Acari, 33
Myodocopa, 30
Myomorpha, 46
Myosoma, Pedicellinidae, 21
Myospalax, Myomorpha, 46
Myotis, Microchiroptera, 45
Myoxocephalus, Scorpaenoidei, 40
Myoxus, see *Glis*
Myrientomata, see Protura, 27
Myrionema, Athecata, 12
Myrmarachne, Araneae, 33
Myrmecobius, Marsupialia, 45
Myrmecophaga, Edentata, 46
Myrmeleon, Planipennia, 29
Myrmica, Apocrita, 30
Myrmonyssus, Acari, 33

Mysidacea, 31
Mysidium, Mysidacea, 31
Mysis, Mysidacea, 31
Mystacocarida, 31
Mysticeti, 47
Mystromys, Myomorpha, 46
Mystus, Siluroidei, 39
Mytilaster, Anisomyaria, 23
Mytilicola, Cyclopoida, 30
Mytilina (= *Salpina*), Ploima, 18
Mytilus, Anisomyaria, 23
Myxicola, Polychaeta, 25
Myxidium, Myxosporidia, 8
Myxilla, Poecilosclerida, 11
Myxine, Hyperotreta, 37
Myxini, see Hyperotreta, 37
Myxobolus, Myxosporidia, 8
Myxochloris, Xanthomonadina, 6
Myxosoma, Myxosporidia, 8
Myxosporidia, 8
Myzobdella, Rhynchobdellida, 25
Myzostoma, Myzostomaria, 25
Myzostomaria, 25

N

Nacella, Archaeogastropoda, 22
Naegleria, Amoebina, 7
nagana (*Trypanosoma*), Protomonadina, 6
Nais, Oligochaeta, 25
Naja, Serpentes, 43
Nannacara, Percoidei, 39
Nannaethiops, Characoidei, 38
Nannocharax, Characoidei, 38
Nannochorista, Mecoptera, 29
Nannostomus, Characoidei, 38
Nanorchestes, Acari, 33
Narcacion, see *Torpedo*
Narcaeus, Araneae, 33
Narcine, Narcobatoidei, 37
Narcobatoidei, 37
Narcobatus, see *Torpedo*
Narcomedusae, 12
Nasonia, see *Mormoniella*
Nassa, see *Nassarius*
Nassarius, Stenoglossa, 23
Nassula, Cyrtophorina, 8
Nasua, Carnivora, 47
Natalobatrachus, see *Phrynobatrachus*
Natantia, 32
Natica, Mesogastropoda, 22
'native cat' (*Dasyurus*), Marsupialia, 45
Natrix, Serpentes, 43
Naucoris, Heteroptera, 28

*Naultinus, Sauria, 42
*Nausithoe, Coronatae, 12
*Nautilus, Tetrabranchia, 24
nautilus, paper- (*Argonauta*), Octopoda, 24
—, pearly- (*Nautilus*), Tetrabranchia, 24
*Neanthes, Polychaeta, 25
*Neascus, Digenea, 15
*Nebalia, Nebaliacea, 31
Nebaliacea, 31
*Nebela, Testacea, 7
*Necator, Strongylina, 18
necklace-shell (*Natica*), Mesogastropoda, 22
— (*Strombus*), Mesogastropoda, 22
*Nectarinia, Passeres, 45
*Nectonema, Nectonematoidea, 18
Nectonematoidea, 18
*Nectonemertes, Polystylifera, 17
*Nectophrynoides, Procoela, 42
*Necturus, Proteida, 42
needle bug (*Aphelocheirus*), Heteroptera, 28
*Neelus, Symphypleona, 26
*Nellia, Cheilostomata, 21
*Nellobia, Echiurida, 24
*Nemachilus, Cyprinoidei, 38
Nemata, see Nematoda, 18
Nemathelminthes, 17 (footnote)
Nematocera, 29
Nematocystida, see Cnidosporidia, 8
*Nematocystis, Eugregarina, 7
Nematoda, 18–19
*Nematodinium, Dinoflagellata, 6
*Nematodirus, Strongylina, 18
Nematognathi, see Siluroidei, 39
Nematomorpha, 18
Nematophora, see Chordeumida, 26
*Nematoscelis, Euphausiacea, 32
*Nematospiroides, Strongylina, 18
*Nematus, Symphyta, 30
*Nemeritus, Apocrita, 30
Nemertina, 17
*Nemipterus, Percoidei, 39
*Nemobius, Ensifera, 27
*Nemopsis, Athecata, 12
*Nemoptera, Planipennia, 29
*Nemoura, Plecoptera, 27
*Neoamphitrite, Polychaeta, 25
*Neoaplectana, Ascaridina, 18
*Neobatrachus, Procoela, 42
*Neocephalobus, Rhabditina, 18
*Neoceratodus, Dipnoi, 41
*Neoclinus, Blennioidei, 40
*Neodasys, Chaetonotoidea, 18

*Neoditrema, Percoidei, 39
*Neoechinorhynchus, Eoacanthocephala, 21
Neogastropoda, see Stenoglossa, 23
*Neolampas, Nucleolitoida, 35
*Neomenia, Neomeniomorpha, 22
Neomeniomorpha, 22
*Neomys, Insectivora, 45
*Neomysis, Mysidacea, 31
*Neopanope, Reptantia, 32
*Neophema, Psittaciformes, 44
*Neopilina, Tryblidioidea, 22
Neoptera, 27–30
Neopterygii, 37–41
*Neorenifer, Digenea, 15
*Neoscona, Araneae, 33
Neosporidia, see Cnidosporidia, 8
*Neostethus, Phallostethoidei, 39
*Neotermes, Isoptera, 27
*Neothunnus, Scombroidei, 40
*Neothyris, Terebratelloidea, 22
Neotremata, 21
*Neotrigonia, Schizodonta, 23
*Neoturris (= *Turris*), Athecata, 12
*Nepa, Heteroptera, 28
*Nephelis, see *Erpobdella*
*Nephelopteryx, Plecoptera, 27
*Nephila, Araneae, 33
*Nephrops, Reptantia, 32
*Nephthys, Polychaeta, 25
*Nepticula, see *Stigmella*
*Neptunea, Stenoglossa, 23
*Neptunus, see *Portunus*
*Nereis, Polychaeta, 25
*Nerilla, Archiannelida, 25
*Nerita, Archaeogastropoda, 22
*Neritina, Archaeogastropoda, 22
*Nerocila, Isopoda, 32
*Nerophis, Solenichthyes, 39
*Nesokia, Myomorpha, 46
*Nesticus, Araneae, 33
*Nestor, Psittaciformes, 44
Neuroptera, 28–29
*Neuroterus, Apocrita, 30
*Neverita, Mesogastropoda, 22
New Zealand frog (*Leiopelma*), Amphicoela, 42
newt (*Triturus*), Salamandroidea, 42
—, eastern (*Diemictylus*), Salamandroidea, 42
—, pleurodele (*Pleurodeles*), Salamandroidea, 42
*Nezara, Heteroptera, 28
*Nibea, Percoidei, 39

nightjar (*Caprimulgus*), Caprimulgiformes, 44
Niphargus, Amphipoda, 32
Nippostrongylus, Strongylina, 18
Nippotaenia, Nippotaenoidea, 15
Nippotaeniidea, 17
Nippotaenoidea, 15
Noah's ark shell (*Arca*), Eutaxodonta, 23
Nocomis, Cyprinoidei, 38
Noctilio, Microchiroptera, 45
Noctiluca, Dinoflagellata, 6
Noctua (=*Phalaena*), Ditrysia, 29
Nodilittorina, Mesogastropoda, 22
nodular worm (*Oesophagostomum*), Strongylina, 18
Nomeus, Stromateoidei, 40
non-biting midge (*Chironomus*), Nematocera, 29
Norway lobster (*Nephrops*), Reptantia, 32
Nosema, Microsporidia, 8
Nosopsyllus, Siphonaptera, 30
Notacanthiformes, see Heteromi, 39
Notacanthus, Heteromi, 39
Notaspidea, 23
Notechis, Serpentes, 43
Notemigonus, Cyprinoidei, 38
Noteus, see *Platyias*
Notholca, Ploima, 18
Nothoprocta, Tinamiformes, 43
Nothrolapsis, see *Macrocheles*
Nothrus, Acari, 33
Nothura, Tinamiformes, 43
Notidanoidei, 37
Notidanus, Notidanoidei, 37
Notocotylus, Digenea, 15
Notodelphyoida, 31
Notodromas, Podocopa, 30
Notomastus, Polychaeta, 25
Notommata, Ploima, 18
Notonecta, Heteroptera, 28
Notoplana, Acotylea, 14
Notops, see *Gastropus*
Notoptera, see Grylloblattodea, 27
Notopteroidei, 38
Notopterus, Notopteroidei, 38
Notornis, Gruiformes, 44
Notoryctes, Marsupialia, 45
Notoscolex, Oligochaeta, 25
Notostira, Heteroptera, 28
Notostraca, 30
Nototrema, see *Gastrotheca*

Notovola, Anisomyaria, 23
Notropis, Cyprinoidei, 38
Noturus, Siluroidei, 39
Nucella, Stenoglossa, 23
Nucleolitoida, 35
Nucras (=*Zootoca*), Sauria, 42
Nucula, Protobranchia, 23
Nuda, 10, 13
Nudibranchia, 23
Numenius, Charadriiformes, 44
Numida, Galliformes, 44
Nummulites, Foraminifera, 7
nut-shell (*Nucula*), Protobranchia, 23
Nyctea, Strigiformes, 44
Nycteribia, Cyclorrhapha, 30
Nycticebus, Prosimii, 46
Nyctiphanes, Euphausiacea, 32
Nyctotherus, Heterotrichina, 9
Nymphon, Nymphonomorpha, 33
Nymphonomorpha, 33
Nyroca, see *Aythya*

O

Obelia, Thecata, 12
Obeliscoides, Strongylina, 18
Ocenebra, Stenoglossa, 23
Ochetosoma, see *Renifer*
Ochetostoma, Echiurida, 24
Ochotona, Lagomorpha, 46
Ochromonas, Chrysomonadina, 6
Octobius, Acari, 33
Octocorallia, 12
Octolasium, Oligochaeta, 25
Octomitus, Distomatina, 7
Octopoda, 24
Octopus, Octopoda, 24
octopus (*Octopus*), Octopoda, 24
—, lesser (*Eledone*), Octopoda, 24
Octospinifer, Eoacanthocephala, 21
Ocycrius, Stromateoidei, 40
Ocypode, Reptantia, 32
Ocypus, Polyphaga, 29
Ocyurus, Percoidei, 39
Odobenus, Pinnipedia, 47
Odocoileus, Ruminantia, 48
Odonata, 27
Odontaspis, Galeoidei, 37
Odontobutis, Gobioidei, 40
Odontoceti, 47
Odontophrynus, Procoela, 42
Odontopyge, Spirostreptida, 26
Odontostomatida, 9
Odontosyllis, Polychaeta, 25

*Odynerus, Apocrita, 30
*Oecanthus, Ensifera, 27
*Oecistes, see *Ptygura
*Oedemia, see *Oidemia
*Oerstedia, Monostylifera, 17
*Oesophagostomum, Strongylina, 18
*Oestrus, Cyclorrhapha, 30
*Ogcocephalus, Antennarioidei, 41
*Oicomonas, Chrysomonadina, 6
*Oidemia (= *Oedemia), Anseriformes, 43
*Oikopleura, Copelata, 36
oil bird (*Steatornis), Caprimulgiformes, 44
*Oiphysa, Homoptera, 28
*Oithona, Cyclopoida, 30
okapi (*Okapia), Ruminantia, 48
*Okapia, Ruminantia, 48
*Oleacina (= *Boltenia), Stylommatophora, 23
*Oligobrachia, Athecanephria, 33
Oligochaeta, 25
*Oligocottus, Scorpaenoidei, 40
*Oligodon, Serpentes, 43
*Oligolophus, Opiliones, 33
Oligoneoptera, 28–30
*Oligonychus, Acari, 33
*Oligotoma, Embioptera, 28
Oligotrichida, 9
*Olindias, Limnomedusae, 12
*Oliva, Stenoglossa, 23
*Olivancillaria, Stenoglossa, 23
*Olivella, Stenoglossa, 23
olm (*Proteus), Proteida, 42
*Olveria, Digenea, 15
Olympic salamander (*Rhyacotriton), Ambystomatoidea, 42
*Ommastrephes (= *Ommatostrephes), Decapoda, 24
*Ommatokoita, Lernaeopodoida, 31
*Ommatostrephes, see *Ommastrephes
*Oncaea, Cyclopoida, 30
*Onchidella (= *Oncidiella), Stylommatophora, 23
*Onchidium, see *Oncidium
*Onchidoris, Nudibranchia, 23
*Onchnesoma, Sipuncula, 24
*Onchocerca, Spirurida, 19
*Oncicola, Archiacanthocephala, 20
*Oncidiella, see *Onchidella
*Oncidium (= *Onchidium), Stylommatophora, 23
*Oncomelania, Mesogastropoda, 22
*Oncopeltus, Heteroptera, 28
*Oncorhynchus, Salmonoidei, 38

*Ondatra, Myomorpha, 46
Oniscomorpha, see Glomerida, 26
*Oniscus, Isopoda, 32
*Onos, see *Gaidropsarus
Onychophora, 25
*Oochoristica, Cyclophyllidea, 15
*Ooencyrtus, Apocrita, 30
*Oonops, Araneae, 33
*Ooperipatus, Onychophora, 25
*Opalia, Mesogastropoda, 22
*Opalina, Opalinina, 7
Opalinina, 7
*Ophelia, Polychaeta, 25
*Opheodrys, Serpentes, 43
*Ophiactis, Ophiurae, 35
Ophicephaloidei, see Channoidei, 40
*Ophicephalus, see *Channa
Ophidia, see Serpentes, 43
*Ophidiaster, Phanerozona, 35
Ophidioidei, 40
*Ophioblennius, Blennioidei, 40
*Ophiocomina, Ophiurae, 35
*Ophiodon, Scorpaenoidei, 40
*Ophionereis, Polychaeta, 25
*Ophionyssus, Acari, 33
*Ophiopholis, Ophiurae, 35
*Ophiophragmus, Ophiurae, 35
*Ophiopsila, Ophiurae, 35
*Ophiothrix, Ophiurae,35
*Ophisaurus, Sauria, 42
*Ophiura, Ophiurae, 35
Ophiurae, 35
*Ophiuraespira, Apostomatida, 9
Ophiuroidea, 35
*Ophlitaspongia, Poecilosclerida, 11
*Ophrydium, Peritrichida, 9
*Ophryocystis, Schizogregarina, 7
*Ophryodendron, Suctorida, 8
*Ophryoglena, Tetrahymenina, 8
*Ophryoscolex, Entodiniomorphida, 9
*Ophyra, Cyclorrhapha, 30
*Opilioacarus, Acari, 33
Opiliones, 33
Opisthandria, see Pentazonia, 26
Opisthobranchia, 23
*Opisthocentrus, Blennioidei, 40
Opisthocoela, 42
*Opisthocomus, Galliformes, 44
Opisthomi, 41
*Opisthopatus, Onychophora, 25
*Opisthophthalmus, Scorpiones, 32
*Opisthorchis, Digenea, 15
*Oplegnathus, Percoidei, 39

opossum, American (*Didelphis*), Marsupialia, 45
—, 4-eyed (*Metachirus*), Marsupialia, 45
opossum-shrimps (Mysidacea), 31
*Oppia, Acari, 33
Opsanus, Haplodoci, 41
orang (*Pongo*), Simiae, 46
*Orasema, Apocrita, 30
Orbinia (= *Aricia*), Polychaeta, 25
Orchesella, Arthropleona, 26
*Orchestia, Amphipoda, 32
*Orchestoidea, Amphipoda, 32
Orcinus, Odontoceti, 47
*Orconectes, Reptantia, 32
*Orcynopsis, Scombroidei, 40
Orcynus (= *Germo*), Scombroidei, 40
*Oreaster, Phanerozona, 35
Orectolobus, Galeoidei, 37
*Oreohelix, Stylommatophora, 23
*Oreoleuciscus, Cyprinoidei, 38
*Orgyia, Ditrysia, 29
oriental sore (*Leishmania*), Protomonadina, 6
*Orientobilharzia, Digenea, 15
ormer (*Haliotis*) Archaeogastropoda, 22
*Ornithobilharzia, Digenea, 15
Ornithodoros, Acari, 33
*Ornithofilaria, Spirurida, 19
Ornithonyssus (= *Bdellonyssus*), Acari, 33
Ornithorhynchus, Monotremata, 45
Orthagoriscus, see *Mola*
*Orthezia, Homoptera, 28
*Orthodemus, Terricola, 14
Orthomorpha, Polydesmida, 26
Orthonectida, 9
Orthoptera, 27–28
Orya, Geophilomorpha, 26
Orycteropus, Tubulidentata, 47
*Oryctes, Polyphaga, 29
Oryctolagus, Lagomorpha, 46
Oryzias, Cyprinodontoidei, 39
*Oryzomys, Myomorpha, 46
Oscarella, Homosclerophorida, 10
Oscinella, Cyclorrhapha, 30
Oscines, see Passeres, 45
Osmerus, Salmonoidei, 38
*Osmia, Apocrita, 30
Osmylus, Planipennia, 29
*Osphronemus, Anabantoidei, 40
osprey (*Pandion*), Falconiformes, 44
Ostariophysi, 38–39
Osteichthyes, see Pisces, 37
Osteoglossoidei, 38

*Osteoglossum, Osteoglossoidei, 38
Ostertagia, Strongylina, 18
*Ostracion, Tetraodontoidei, 41
Ostracoda, 30
Ostrea, Anisomyaria, 23
ostriches (Struthioniformes), 43
*Otala, Stylommatophora, 23
Otaria, Pinnipedia, 47
*Otina, Basommatophora, 23
Otis, Gruiformes, 44
*Otocryptops, Scolopendromorpha, 26
*Otocyon, Carnivora, 47
*Otodectes, Acari, 33
Otohydra, Actinulida, 12
Otomesostoma, Alloeocoela, 13
*Otostigma, Scolopendromorpha, 26
Ototyphlonemertes, Monostylifera, 17
otter (*Lutra*), Carnivora, 47
Otus, Strigiformes, 44
*Oulastrea, Scleractinia, 13
*Ovalipes, Reptantia, 32
ovenbird (*Furnarius*), Tyranni, 45
Ovibos, Ruminantia, 48
Ovis, Ruminantia, 48
Owenia, Polychaeta, 25
owls (Strigiformes), 44
ox, musk (*Ovibos*), Ruminantia, 48
Oxidus, Polydesmida, 26
*Oxycarenus, Heteroptera, 28
*Oxychilus, Stylommatophora, 23
*Oxydesmus, Polydesmida, 26
*Oxygaster, Cyprinoidei, 38
Oxymonas, Metamonadina, 7
Oxynotus (= *Centrina*), Squaloidei, 37
*Oxyopes, Araneae, 33
Oxyrrhis, Dinoflagellata, 6
*Oxystele, Archaeogastropoda, 22
*Oxytrema, Archaeogastropoda, 22
Oxytricha, Hypotrichida, 9
*Oxyura, Anseriformes, 43
*Oxyuris, Ascaridina, 18
Oxyuroidea, 20
oyster (*Ostrea*), Anisomyaria, 23
—, pearl- (*Pinctada*), Anisomyaria, 23
—, saddle- (*Anomia*), Anisomyaria, 23
—, thorny (*Spondylus*), Anisomyaria, 23

P

paca (*Cuniculus*), Hystricomorpha, 47
Pachybolus, Spirobolida, 26
Pachycerianthus, Ceriantharia, 12
*Pachydrilus, Oligochaeta, 25
*Pachygrapsus, Reptantia, 32

Pachyiulus, Julida, 26
*Pachymatisma, Choristida, 10
*Pachymerium, Geophilomorpha, 26
Pachypalaminus, Cryptobranchoidea, 41
*Pachyptila, Procellariiformes, 43
*Pachytrigla, Scorpaenoidei, 40
Pacific giant salamander (*Dicamptodon*), Ambystomatoidea, 42
paddle-fish (*Polyodon*), Chondrostei, 37
*Pagrosomus, Percoidei, 39
*Paguristes, Reptantia, 32
Pagurus, Reptantia, 32
—, see *Dardanus*
painted frog (*Discoglossus*), Opisthocoela, 42
*Paitobius, Lithobiomorpharia, 26
Palaeacanthocephala, 20
*Palaeacarus, Acari, 33
Palaemon, Natantia, 32
—, see *Macrobrachium*
Palaeonemertina, 17
Palaeoptera, 27
—, see Paraneoptera, 28
—, see Polyneoptera, 27
Palaeopterygii, 37
*Palamnaeus, see *Heterometrus*
Palinurus, Reptantia, 32
*Pallasea, Amphipoda, 32
Palmipes, see *Anseropoda*
Palpigradi, 32
*Paludicella, Ctenostomata, 21
Paludicola, 14
Paludina, see *Viviparus*
*Paludinella, see *Columella*
*Paludomus, Mesogastropoda, 22
*Palystes, Araneae, 33
Palythoa, Zoanthiniaria, 13
*Pama, Percoidei, 39
Pan, Simiae, 46
Panagrellus, Rhabditina, 18
*Panagrolaimus, Rhabditina, 18
Pancarida, 31
panda (*Ailurus*), Carnivora, 47
—, giant (*Ailuropoda*), Carnivora, 47
Pandalus, Natantia, 32
Pandinus, Scorpiones, 32
Pandion, Falconiformes, 44
*Pandora, Desmodonta, 24
Pandorina, Phytomonadina, 6
*Pangasius, Siluroidei, 39
pangolin (*Manis*), Pholidota, 46
*Panonychus (= *Metatetranychus*), Acari, 33
Panopea, Desmodonta, 24

*Panopeus, Reptantia, 32
*Panopistus, Digenea, 15
Panorpa, Mecoptera, 29
Panorpatae, see Mecoptera, 29
panther (*Panthera*), Carnivora, 47
Panthera, Carnivora, 47
Pantopoda, see Pycnogonida, 33
*Pantosteus, Cyprinoidei, 38
Pantostomatida, see Rhizomastigina, 7
Panuliris, Reptantia, 32
paper-nautilus (*Argonauta*), Octopoda, 24
Papilio, Ditrysia, 29
*Papillifera, Stylommatophora, 23
Papio, Simiae, 46
*Papyridea, Heterodonta, 24
*Parabothrium, Pseudophyllidea, 14
*Parabronema, Spirurida, 19
Parabrotula, Ophidioidei, 40
*Paracaesio, Percoidei, 39
Paracanthonchus, Chromadorida, 19
Paracentrotus, Echinoida, 34
*Parafilaria, Spirurida, 19
*Parafossarulus, Mesogastropoda, 22
Paragonimus, Digenea, 15
*Paralabrax, Percoidei, 39
Paralepis, Alepisauroidei, 38
Paralichthys, Heterosomata, 40
*Paralithodes, Reptantia, 32
Paramecium, Peniculina, 8
Paramphistomum, Digenea, 15
*Paramyxine, Hyperotreta, 37
*Paranais, Oligochaeta, 25
Paraneoptera, 28
—, see Palaeoptera, 27
—, see Polyneoptera, 27
Paraneuroptera, see Odonata, 27
*Parapenaeopsis, Natantia, 32
*Paraphidippus, Araneae, 33
Parapolia, Heteronemertina, 17
*Parapriacanthus, Percoidei, 39
*Parapristipoma, Percoidei, 39
Parascaris, Ascaridina, 18
*Parasilurus, Siluroidei, 39
*Parasitus, Acari, 33
Parataenia, Lecanicephaloidea, 15
*Paratelphusa, Reptantia, 32
*Parathunnus, Scombroidei, 40
*Paratya, Natantia, 32
Paravortex, Rhabdocoela, 13
Parazoa, see Porifera, 10–11
*Pardosa, Araneae, 33
*Parexocoetus, Exocoetoidei, 39

*Parophrys, Heterosomata, 40
Parorchis, Digenea, 15
Parribacus, Reptantia, 32
parrots (Psittaciformes), 44
Partnuniella, Acari, 33
Partula, Stylommatophora, 23
Parus, Passeres, 45
Parvatrema, Digenea, 15
Paryphanta, Stylommatophora, 23
Pasiphaea, Natantia, 32
Passer, Passeres, 45
Passeres, 45
Passeriformes, 45
Patella, Archaeogastropoda, 22
Patina, see *Ansates*
Patinopecten, Anisomyaria, 23
Patiria, Spinulosa, 35
Pauropoda, 25
Pauropus, Pauropoda, 25
Paussus, Polyphaga, 29
Pavo, Galliformes, 44
Peachia, Actiniaria, 13
peacock fan worm (*Sabella*), Polychaeta, 25
pea-cockle (*Pisidium*), Heterodonta, 24
pear midge (*Contarinia*), Nematocera, 29
pearl-mussel (*Margaritifera*), Heterodonta, 24
pearl-oyster (*Pinctada*), Anisomyaria, 23
pearly-nautilus (*Nautilus*), Tetrabranchia, 24
peccary (*Tayassu*), Suiformes, 47
Pecten, Anisomyaria, 23
Pectinaria, Polychaeta, 25
Pectinatella, Phylactolaemata, 21
Pectinibranchia, see Mesogastropoda, 22
—, see Stenoglossa, 23
Pectunculus, see *Glycymeris*
Pedalia, see *Hexarthra*
Pedalion, see *Hexarthra*
Pedetes, Sciuromorpha, 46
Pedicellina, Pedicellinidae, 21
Pedicellinidae, 21
Pediculati, 41
Pediculus, Anoplura, 28
Pegasiformes, see Hypostomides, 40
Pegasus, Hypostomides, 40
Pelagia, Semaeostomae, 12
Pelagodiscus, Neotremata, 21
Pelagonemertes, Polystylifera, 17
Pelagothuria, Elasipoda, 34
Pelamis, Serpentes, 43
Pelates, Percoidei, 39
Pelecaniformes, 43
Pelecanoides, Procellariiformes, 43
Pelecanus, Pelecaniformes, 43
Pelecinomimus, see *Cetomimus*
Pelecypoda, see Bivalvia, 23
Pelias, see *Vipera*
pelican (*Pelecanus*), Pelecaniformes, 43
pelican's foot-shell (*Aporrhais*), Mesogastropoda, 22
Pellenes, Araneae, 33
Pelmatochromis, Percoidei, 39
Pelmatohydra, Athecata, 12
Pelmatosphaera, Orthonectida, 9
Pelmatozoa, 34
Pelobates, Anomocoela, 42
Pelodytes, Anomocoela, 42
Pelomyxa, Amoebina, 7
Pelonaia, Stolidobranchiata, 36
Peloscolex, Oligochaeta, 25
Peltodoris, Nudibranchia, 23
Peltogasterella, Rhizocephala, 31
Pemphigus, Homoptera, 28
Penaeopsis, Natantia, 32
Penaeus, Natantia, 32
Penardia, Testacea, 7
Peneroplis, Foraminifera, 7
penguins (Sphenisciformes), 43
Penicillata, see Polyxenida, 24
Peniculina, 8
Penilia, Cladocera, 30
Pennaria, see *Halocordyle*
Pennatula, Pennatulacea, 12
Pennatulacea, 12
Pentacta, Dendrochirota, 34
Pentastomida, 33
Pentazonia, 26
Penthaleus, Acari, 33
Peracantha, Cladocera, 30
Peracarida, 31–32
Perameles, Marsupialia, 45
Peranema, Euglenoidina, 6
Perca, Percoidei, 39
Percesoces, see Mugiloidei, 40
perch (*Perca*), Percoidei, 39
—, climbing (*Anabas*), Anabantoidei, 40
—, pirate- (*Aphredoderus*), Salmopercae, 39
Percoidei, 39
Percomorphi, 39–40
Percopsiformes, see Salmopercae, 39
Percopsis, Salmopercae, 39
Perdix (=*Perdrix*), Galliformes, 44
Perdrix, see *Perdix*

Père David's deer (*Elaphurus*), Ruminantia, 48
*Perforatella, Stylommatophora, 23
*Pericoma, Nematocera, 29
Peridineae, see Dinoflagellata, 6
Peridinium, Dinoflagellata, 6
*Perillus, Heteroptera, 28
*Perinereis, Polychaeta, 25
*Perionyx, Oligochaeta, 25
Periophthalmus, Gobioidei, 40
Peripatopsis, Onychophora, 25
Peripatus, Onychophora, 25
Periphylla, Coronatae, 12
Periplaneta, Blattodea, 27
Peripsocus, Psocoptera, 28
Perischoechinoidea, 34
Perissodactyla, 47
Peritrichida, 9
periwinkle (*Littorina*), Mesogastropoda, 22
Perkinsiella, Homoptera, 28
Perla, Plecoptera, 27
Perlaria, see Plecoptera, 27
*Perlodes, Plecoptera, 27
*Pernis, Falconiformes, 44
Peroderma, Caligoida, 31
Perodicticus, Prosimii, 46
Peromyscus, Myomorpha, 46
Peronella, Laganina, 35
Perophora, Phlebobranchiata, 36
*Peropus, Sauria, 42
Petalura, Anisoptera, 27
*Petaurista, Sciuromorpha, 46
*Petaurus, Marsupialia, 45
*Petraites, Blennioidei, 40
petrel, diving (*Pelecanoides*), Procellariiformes, 43
—, storm (*Hydrobates*), Procellariiformes, 43
*Petricola, Heterodonta, 24
*Petrobia, Acari, 33
Petrobiona, Pharetronida, 10
Petrobius, Thysanura, 27
*Petrocephalus, Mormyroidei, 38
*Petrolisthes, Reptantia, 32
Petromyzon, Hyperoartii, 36
Petromyzones, see Hyperoartii, 36
*Peucetia, Araneae, 33
Phacochoerus, Suiformes, 47
*Phacoides, Heterodonta, 24
Phacus, Euglenoidina, 6
Phaethon, Pelecaniformes, 43
*Phagocota, Paludicola, 14
Phalacrocorax, Pelecaniformes, 43

*Phalaena, see *Noctua*
*Phalanger, Marsupialia, 45
phalanger, common (*Trichosurus*), Marsupialia, 45
Phalangida, see Opiliones, 33
phalangids (Opiliones), 33
Phalangium, Opiliones, 33
*Phalaropus, Charadriiformes, 44
*Phalera, Ditrysia, 29
Phallichthys, Phallostethoidei, 39
Phallostethoidei, 39
Phallusia, Phlebobranchiata, 36
Phanerozona, 35
*Phaonia, Cyclorrhapha, 30
*Phaps, Columbiformes, 44
Pharetronida, 10
Pharomachrus, Trogoniformes, 44
*Phascogale, Marsupialia, 45
Phascolarctos, Marsupialia, 45
Phascolion, Sipuncula, 24
Phascolomis, see *Vombatus*
Phascolosoma, Sipuncula, 24
—, see *Golfingia*
Phasgonura, see *Tettigonia*
*Phasianella, Archaeogastropoda, 22
Phasianus, Galliformes, 44
Phasmida, 27
Phasmidia, 18–19
pheasant (*Phasianus*), Galliformes, 44
*Pheidole, Apocrita, 30
Phenax, Homoptera, 28
*Phengodes, Polyphaga, 29
Pheretima, Oligochaeta, 25
Pheronema, Amphidiscosa, 10
Phialidium, Thecata, 12
*Phidippus, Araneae, 33
Philaenus, Homoptera, 28
*Philanthus, Apocrita, 30
*Philine, Pleurocoela, 23
*Philocheras, Natantia, 32
Philodina, Bdelloidea, 17
Philodinavus, Bdelloidea, 17
*Philodromus, Araneae, 33
Philometra, Spirurida, 19
*Philomycus, Stylommatophora, 23
*Philophthalmus, Digenea, 15
*Philosamia, Ditrysia, 29
*Philoscia, Isopoda, 32
*Philyra, Reptantia, 32
Phlebobranchiata, 36
Phlebotomus, Nematocera, 29
Phoca, Pinnipedia, 47
Phocaena, Odontoceti, 47

Phoenicopteriformes, 43
Phoenicopterus, Phoenicopteriformes, 43
*Phoenicurus (= *Ruticilla*), Passeres, 45
Pholadomya, Desmodonta, 24
Pholas, Desmodonta, 24
Pholcus, Araneae, 33
*Pholidoptera (= *Thamnotrizon*), Ensifera, 27
Pholidota, 46
*Pholoe, Polychaeta, 25
*Phoneutria, see *Ctenus*
Phonixus, see *Phoxinus*
*Phora, Cyclorrhapha, 30
*Phormia, Cyclorrhapha, 30
Phormosoma, Echinothurioida, 34
Phoronida, 21
Phoronis, Phoronida, 21
Phoronopsis, Phoronida, 21
*Photinus, Polyphaga, 29
*Photoblepharon, Berycomorphi, 39
*Photostomias, Stomiatoidei, 38
*Photuris, Polyphaga, 29
Phoxinus, Cyprinoidei, 38
*Phragmatobia, Ditrysia, 29
*Phreatoicus, Isopoda, 32
*Phrixothrix, Polyphaga, 29
*Phryganea, Trichoptera, 29
Phryganoidea, see Trichoptera, 29
Phrynichus, Amblypygi, 32
Phrynicida, see Amblypygi, 32
*Phrynobatrachus (= *Natalobatrachus*), Diplasiocoela, 42
*Phrynocephalus, Sauria, 42
*Phrynops, Pleurodira, 42
*Phrynosoma, Sauria, 42
*Phryxus, Isopoda, 32
*Phthiracarus, Acari, 33
Phthiraptera, 28
Phthirius, see *Phthirus*
Phthirus, Anoplura, 28
Phycis, Anacanthini, 39
Phylactolaemata, 21
Phyllium, Phasmida, 27
Phyllobothrioidea, see Tetraphyllidea, 15
Phyllobothrium, Tetraphyllidea, 15
Phyllocarida, see Leptostraca, 31
*Phyllocoptruta, Acari, 33
*Phyllodistomum, Digenea, 15
Phyllodoce, Polychaeta, 25
Phyllogonostreptus, Spirostreptida, 26
*Phyllomedusa, Procoela, 42
Phyllophorus, Dendrochirota, 34
*Phyllotreta, Polyphaga, 29
Phylloxera, Homoptera, 28
*Phyllurus, see *Gymnodactylus*
*Phymata, Heteroptera, 28
*Phymodius, Reptantia, 32
Phymosoma, see *Phascolosoma*
Phymosomatoida, 34
Physalia, Siphonophora, 12
*Physaloptera (= *Turgida*), Spirurida, 19
Physarum, Mycetozoa, 7
Physcosoma, see *Phascolosoma*
Physeter, Odontoceti, 47
*Physiculus, Anacanthini, 39
Physopoda, see Thysanoptera, 28
*Physopsis, Basommatophora, 23
Phytoflagellata, see Phytomastigina, 6
Phytomastigina, 6
Phytomonadina, 6
Phytomonas, Protomonadina, 6
Piciformes, 44
Picus, Piciformes, 44
piddock (*Barnea*), Desmodonta, 24
— (*Pholas*), Desmodonta, 24
Pieris, Ditrysia, 29
pig (*Sus*), Suiformes, 47
—, guinea (*Cavia*), Hystricomorpha, 47
pigeon (*Columba*), Columbiformes, 44
—, crowned (*Goura*), Columbiformes, 44
—, green (*Treron*), Columbiformes, 44
pika (*Ochotona*), Lagomorpha, 46
pike (*Esox*), Haplomi, 38
*Pila (= *Ampullaria*), Mesogastropoda, 22
pilchard (*Sardina*), Clupeoidei, 38
*Pilodictis, Siluroidei, 39
*Pimelodus, Siluroidei, 39
*Pimephales, Cyprinoidei, 38
Pinctada, Anisomyaria, 23
pine shoot moth (*Evetria*), Ditrysia, 29
Pinna, Anisomyaria, 23
*Pinnaxodes, Reptantia, 32
Pinnipedia, 47
*Pinnixa, Reptantia, 32
*Pinnotheres, Reptantia, 32
pinworm (*Enterobius*), Ascaridina, 18
—, mouse (*Aspiculuris*), Ascaridina, 18
*Piona, Acari, 33
*Piophila, Cyclorrhapha, 30
Pipa, Opisthocoela, 42
pipistrelle (*Pipistrellus*), Microchiroptera, 45
Pipistrellus, Microchiroptera, 45
*Pipra, Tyranni, 45
pirate-perch (*Aphredoderus*), Salmopercae, 39
*Pirenella, Mesogastropoda, 22
Piroplasma, see *Babesia*

*Pisania, Stenoglossa, 23
Pisaster, Forcipulata, 35
Pisces, 37–41
Piscicola, Rhynchobdellida, 25
Pisidium, Heterodonta, 24
*Pisione, Polychaeta, 25
*Pista, Polychaeta, 25
Pithecoidea, see Simiae, 46
*Pitta, Tyranni, 45
*Pituophis, Serpentes, 43
*Pitymys, Myomorpha, 46
Placobdella, Rhynchobdellida, 25
*Placopecten, Anisomyaria, 23
Placophora, see Polyplacophora, 22
*Placospongia, Clavaxinellida, 10
Plagiopyla, Trichostomatida, 8
*Plagiorchis (=*Lepoderma*), Digenea, 15
*Plagioscion, Percoidei, 39
Plagiostomum, Alloeocoela, 13
*Plagitura, Digenea, 15
*Plagusia, Reptantia, 32
Plakina, Homosclerophorida, 10
*Plakortis, Homosclerophorida, 10
Planaria, Paludicola, 14
*Planaxis, Mesogastropoda, 22
Planctosphaera, Planctosphaeroidea, 36
Planctosphaeroidea, 36
*Planes, Reptantia, 32
Planipennia, 29
*Planocera, Acotylea, 14
Planorbis, Basommatophora, 23
Planorbulina, Foraminifera, 7
plant louse (*Aphis*), Homoptera, 28
——, jumping (*Psylla*), Homoptera, 28
plantain-eater (*Musophaga*), Cuculiformes, 44
Plasmodium, Haemosporidia, 8
Platalea, Ciconiiformes, 43
*Platax, Percoidei, 39
*Platemys, Cryptodira, 42
*Platichthys (=*Kareius*), Heterosomata, 40
Platidia, Terebratelloidea, 22
*Platophrys, Heterosomata, 40
*Platyarthrus, Isopoda, 32
*Platycercus, Psittaciformes, 44
*Platycnemis, Zygoptera, 27
Platycopa, 30
Platyctenea, 13
*Platydema, Polyphaga, 29
Platydesmus, Colobognatha, 26
*Platyedra, Ditrysia, 29
platyfish (*Platypoecilus*), Cyprinodontoidei, 39

*Platygaster, Apocrita, 30
Platyhelminthes, 9 (footnote), 13–15
*Platyias (=*Noteus*), Ploima, 18
*Platynereis, Polychaeta, 25
*Platynosomum, Digenea, 15
*Platypodia, Reptantia, 32
Platypoecilus, Cyprinodontoidei, 39
Platypus, see *Ornithorhynchus*
Platyrrhacus, Polydesmida, 26
*Platysamia, Ditrysia, 29
*Plecoglossus, Salmonoidei, 38
Plecoptera, 27
*Plecostomus, Siluroidei, 39
*Plectanocotyle, Diclidophoroidea, 14
Plectognathi, 40–41
Plectoptera, see Ephemeroptera, 27
*Plectorhinchus, Percoidei, 39
Plectus, Chromadorida, 19
*Plesiocoris, Heteroptera, 28
*Plesiopenaeus, Natantia, 32
Plethodon, Salamandroidea, 42
*Pleurobema, Heterodonta, 24
Pleurobrachia, Cydippida, 13
Pleurobranchus, Notaspidea, 23
Pleurocoela, 23
pleurodele newt (*Pleurodeles*), Salamandroidea, 42
Pleurodeles, Salamandroidea, 42
*Pleurodema, Procoela, 42
Pleurodira, 42
*Pleurogenoides, Digenea, 15
Pleurogona, 36
*Pleurogonius, Digenea, 15
*Pleurogrammus, Scorpaenoidei, 40
*Pleuromamma, Calanoida, 30
*Pleuromonas, Protomonadina, 6
Pleuronectes, Heterosomata, 40
Pleuronectiformes, see Heterosomata, 40
Pleuronema, Pleuronematina, 9
Pleuronematina, 9
Pleurophyllidia, see *Armina*
*Pleurotoma, see *Turris*
Pleurotremata, 37
*Pleurotricha, Hypotrichida, 9
*Plexippus, Araneae, 33
Plistophora, Microsporidia, 8
*Ploceus, Passeres, 45
*Plodia, Ditrysia, 29
*Ploesoma, Ploima, 18
Ploima, 18
plover, ringed (*Charadrius*), Charadriiformes, 44
——, sand (*Charadrius*), Charadriiformes, 44

Plumatella, Phylactolaemata, 21
Plumularia, Thecata, 12
*Plusia, Ditrysia, 29
*Plutella, Ditrysia, 29
Plutonium, Scolopendromorpha, 26
*Plutosus, Siluroidei, 39
*Pneumatophorus, Scombroidei, 40
Pneumocystis, Sporozoa (end), 8
*Pneumonoeces, Digenea, 15
*Pneumonyssus, Acari, 33
Pneumora, Caelifera, 28
pocket gopher (*Geomys*), Sciuromorpha, 46
Podargus, Caprimulgiformes, 44
*Podarke, Polychaeta, 25
Podiceps, Podicipediformes, 43
Podicipediformes, 43
Podilymbus, Podicipediformes, 43
Podocopa, 30
*Podocoryne, Athecata, 12
Podogonata, see Ricinulei, 33
Podon, Cladocera, 30
Podophrya, Suctorida, 8
*Podophthalmus, Reptantia, 32
Podura, Arthropleona, 26
*Poecilia, Cyprinodontoidei, 39
*Poecilobdella (= *Hirudinaria*), Gnathobdellida, 25
*Poecilobrycon, Characoidei, 38
Poecilosclerida, 11
Poeobia, 24 (footnote)
Poeobius, 24 (footnote)
*Poephila, Passeres, 45
*Pogonias, Percoidei, 39
Pogonophora, 33
Poicephalus, Psittaciformes, 44
poison frog (*Dendrobates*), Procoela, 42
polar bear (*Thalarctos*), Carnivora, 47
polecat (*Mustela*), Carnivora, 47
*Polia, see *Baseodiscus*
*Polistes, Apocrita, 30
*Polistotrema, Hyperotreta, 37
*Pollachius, Anacanthini, 39
*Pollenia, Cyclorrhapha, 30
*Pollicipes, Thoracica, 31
*Polyarthra, Ploima, 18
Polybrachia, Thecanephria, 33
Polycarpa, Stolidobranchiata, 36
*Polycelis, Paludicola, 14
*Polycera, Nudibranchia,'23
Polychaeta, 25
*Polychoerus, Acoela, 13
*Polycirrus, Polychaeta, 25

Polycladida, 14
Polyclinum, Aplousobranchiata, 36
Polycope, Cladocopa, 30
*Polydactylus, Polynemoidei, 40
*Polydelphis, Ascaridina, 18
Polydesmida, 26
Polydesmus, Polydesmida, 26
Polydora, Polychaeta, 25
Polygordius, Archiannelida, 25
*Polygyra (= *Mesodon*), Stylommatophora, 23
*Polykrikos, Dinoflagellata, 6
*Polymastia, Clavaxinellida, 10
Polymastigina, see Metamonadina, 7
*Polymesoda, Heterodonta, 24
*Polymita, Stylommatophora, 23
*Polymnia, see *Eupolymnia*
Polymorphus, Palaeacanthocephala, 20
Polynemoidei, 40
Polynemus, Polynemoidei, 40
Polyneoptera, 27–28
—, see Palaeoptera, 27
—, see Paraneoptera, 28
*Polynices, Mesogastropoda, 22
*Polynoe, Polychaeta, 25
Polyodon, Chondrostei, 37
*Polyonyx, Reptantia, 32
Polyopisthocotylea, 14
Polypedates, see *Rhacophorus*
Polyphaga, 29
*Polyphemus, Cladocera, 30
Polyplacophora, 22
*Polyonyx, Reptantia, 32
*Polyplax, Anoplura, 28
*Polyprion, Percoidei, 39
Polypteriformes, see Cladistia, 37
Polypterus, Cladistia, 37
Polypus, see *Octopus*
*Polypylis, Basommatophora, 23
Polystoma, Polystomatoidea, 14
Polystomatoidea, 14
Polystomella, see *Elphidium*
Polystylifera, 17
Polystyliphora, Alloeocoela, 13
Polytoma, Phytomonadina, 6
Polytomella, Phytomonadina, 6
Polyxenida, 25
Polyxenus, Polyxenida, 25
Polyzoa, 21
Polyzoa Ectoprocta, see Polyzoa, 21
Polyzoa Endoprocta, see Entoprocta, 21
Polyzoa Entoprocta, see Entoprocta, 21
*Polyzonium, Colobognatha, 26

*Pomacentrus, Percoidei, 39
*Pomatias (=*Cyclostoma*),
Mesogastropoda, 22
*Pomatiopsis, Mesogastropoda, 22
*Pomatoceros, Polychaeta, 25
*Pomatomus, Percoidei, 39
*Pomolobus, Clupeoidei, 38
*Pomoxis, Percoidei, 39
pond snail (*Lymnaea*), Basommatophora, 23
Pongo, Simiae, 46
Pontobdella, Rhynchobdellida, 25
*Pontogeneia, Amphipoda, 32
*Pontoporeia, Amphipoda, 32
*Pontoscolex, Oligochaeta, 25
pope (*Acerina*), Percoidei, 39
*Popillia, Polyphaga, 29
*Poppella, Calanoida, 30
Porania, Phanerozona, 35
*Porcellana, Reptantia, 32
Porcellanaster, Phanerozona, 35
*Porcellio, Isopoda, 31
porcupine (*Hystrix*), Hystricomorpha, 47
Porichthys, Haplodoci, 41
Porifera, 10–11
Porites, Scleractinia, 13
Porocephalida, 33
*Porocephalus, Porocephalida, 33
Poromya, Septibranchia, 24
Poronotus, Stromateoidei, 40
Porospora, Eugregarina, 7
Porpita, Athecata, 12
porpoise (*Phocaena*), Odontoceti, 47
Porrocaecum, Ascaridina, 18
Porthetria, Ditrysia, 29
Portuguese man-of-war (*Physalia*),
Siphonophora, 12
Portunion, Isopoda, 32
*Portunus (=*Neptunus*), Reptantia, 32
Portunus, see *Macropipus*
*Posthodiplostomum, Digenea, 15
*Potadoma, Mesogastropoda, 22
Potamobius, see *Astacus*
*Potamon (=*Telphusa*), Reptantia, 32
*Potamonautes, Reptantia, 32
*Potamopyrgus, Mesogastropoda, 22
Potorous, Marsupialia, 45
Potos, Carnivora, 47
potto (*Perodicticus*), Prosimii, 46
—, golden (*Arctocebus*), Prosimii, 46
poultry caecal worm (*Heterakis*),
Ascaridina, 18
poultry roundworm (*Ascaridia*),
Ascaridina, 18

poultry stomach worm (*Tetrameres*),
Spirurida, 19
Pourtalesia, Holasteroida, 35
*Pratylenchus, Tylenchida, 19
Praunus, Mysidacea, 31
prawn (*Hippolyte*), Natantia, 32
—(*Palaemon*), Natantia, 32
—(*Pandalus*), Natantia, 32
—(*Penaeus*), Natantia, 32
—, river (*Macrobrachium*), Natantia, 32
Presbytis, Simiae, 46
*Priacanthus, Percoidei, 39
Priapulida, 18
Priapulus, Priapulida, 18
Primates, 46
Priodontes, Edentata, 46
*Prionace, Galeoidei, 37
Prionodonta, see Eutaxodonta, 23
*Prionotus, Scorpaenoidei, 40
Pristiophorus, Squaloidei, 37
*Pristiphora (=*Micronematus*), Symphyta, 30
Pristis, Batoidei, 37
*Pristiurus, Galeoidei, 37
*Proales, Ploima, 18
Proboscidea, 47
*Procambarus, Reptantia, 32
Procavia, Hyracoidea, 47
Procellaria, Procellariiformes, 43
Procellariiformes, 43
Procerodes, Maricola, 14
*Processa, Natantia, 32
Prochilodus, Characoidei, 38
*Procnias, Tyranni, 45
Prococcidia, 8
Procoela, 42
*Proctolaelaps, Acari, 33
Procyon, Carnivora, 47
Prodenia, Ditrysia, 29
*Prohemistomulum, Digenea, 15
*Prometor, Echiurida, 24
Proneomenia, Neomeniomorpha, 22
pronghorn (*Antilocapra*), Ruminantia, 48
Propallene, Nymphonomorpha, 33
Prorodon, Rhabdophorina, 8
Prosimii, 46
Prosobranchia, 22–23
*Prosopium, Salmonoidei, 38
Prosostomata, 16
Prosthenorchis, Archiacanthocephala, 20
Prosthiostomum, Cotylea, 14
*Prosthogonimus, Digenea, 15
*Prostoma, Monostylifera, 17
Proteida, 42

*Proteles, Carnivora, 47
*Protemnodon, Marsupialia, 45
Proteocephala, 16
Proteocephaloidea, 15
*Proteocephalus, Proteocephaloidea, 15
Proterandria, see Helminthomorpha, 26
*Proteromonas, Protomonadina, 6
*Proteus, Proteida, 42
*Protobalanus, see *Protoglossus*
Protobranchia, 23
*Protoclepsis (=*Theromyzon*), Rhynchobdellida, 25
*Protodrilus, Archiannelida, 25
*Protoglossus, Enteropneusta, 35
Protogyrodactyloidea, 14
*Protogyrodactylus, Protogyrodactyloidea, 14
Protomonadina, 6
*Protoopalina, Opalinina, 7
*Protopipa, Opisthocoela, 42
*Protopterus, Dipnoi, 41
*Protoschelobates, see *Scheloribates*
Protospondyli, 37
*Protostrongylus, Strongylina, 18
*Protothaca, Heterodonta, 24
Prototheria, 45
Protozoa, 6–9
Protremata, 22 (footnote)
*Protula, Polychaeta, 25
Protura, 27
*Prunella, Passeres, 45
*Prymnesium, Chrysomonadina, 6
*Psammechinus, Echinoida, 34
*Psammoperca, Percoidei, 39
*Psammoryctes, Oligochaeta, 25
Pselaphognatha, 25
*Psenopsis, Stromateoidei, 40
*Psetta, see *Scophthalmus*
*Psettichthys, Heterosomata, 40
*Psettodes, Heterosomata, 40
*Pseudacris (=*Chorophilus*), Procoela, 42
*Pseudagenia, Apocrita, 30
*Pseudamphistomum, Digenea, 15
*Pseudecheneis, Siluroidei, 39
*Pseudemys, Cryptodira, 42
*Pseudione, Isopoda, 32
*Pseudis, Procoela, 42
*Pseudobranchus, Trachystomata, 42
*Pseudocalanus, Calanoida, 30
*Pseudocarcinus, Reptantia, 32
*Pseudocentrotus, Temnopleuroida, 34
*Pseudoceros, Cotylea, 14
*Pseudocheirus, Marsupialia, 45
*Pseudococcus, Homoptera, 28

*Pseudocuma, Cumacea, 31
*Pseudodiaptomus, Calanoida, 30
Pseudophyllidea, 14
*Pseudopleuronectes, Heterosomata, 40
*Pseudopolydesmus, Polydesmida, 26
*Pseudopotamilla, Polychaeta, 25
*Pseudorasbora, Cyprinoidei, 38
*Pseudosciaena (=*Argyrosomus*), Percoidei, 39
Pseudoscorpiones, 32
*Pseudosida, Cladocera, 30
*Pseudosquilla, Stomatopoda, 32
*Pseudostylochus, Acotylea, 14
*Pseudosuccinea, Basommatophora, 23
*Pseudotolithus, Percoidei, 39
*Pseudotremia, Chordeumida, 26
*Pseudotriakis, Galeoidei, 37
*Pseudotriton, Salamandroidea, 42
*Pseudozius, Reptantia, 32
*Psila, Cyclorrhapha, 30
Psittaciformes, 44
*Psittacus, Psittaciformes, 44
Psocoptera, 28
*Psocus, Psocoptera, 28
*Psolus, Dendrochirota, 34
*Psophia, Gruiformes, 44
*Psorergates, Acari, 33
*Psoroptes, Acari, 33
*Psyche, Ditrysia, 29
*Psychoda, Nematocera, 29
*Psylla, Homoptera, 28
ptarmigan (*Lagopus*), Galliformes, 44
*Pteria, Anisomyaria, 23
*Pterobothrium, Tetrarhynchoidea, 15
Pterobranchia, 35–36
*Pterocles, Columbiformes, 44
*Pterodina, see *Testudinella*
*Pterodroma, Procellariiformes, 43
*Pterogobius, Gobioidei, 40
*Pteroides, Pennatulacea, 12
*Pterois, Scorpaenoidei, 40
*Pterolamiops, Galeoidei, 37
*Pteronarcys, Plecoptera, 27
*Pterophryne, Antennarioidei, 41
*Pterophyllum, Percoidei, 39
*Pteroplatea, Batoidei, 37
Pteropoda, 23
*Pteropus, Megachiroptera, 45
*Pterosagitta, Chaetognatha, 33
*Pterotrachea, Mesogastropoda, 22
*Pterygosoma, Acari, 33
Pterygota, 27–30
*Ptilinopus, Columbiformes, 44

*Ptilonorhynchus, Passeres, 45
*Ptinus, Polyphaga, 29
*Ptyas (=Zamenis), Serpentes, 43
*Ptychocheilus, Cyprinoidei, 38
Ptychodactiaria, 13
Ptychodactis, Ptychodactiaria, 13
Ptychodera, Enteropneusta, 35
*Ptychopoda, Ditrysia, 29
*Ptychoptera, Nematocera, 29
*Ptychozoon, Sauria, 42
*Ptygura (=Oecistes), Flosculariacea, 18
*Ptyodactylus, Sauria, 42
puffbird (Bucco), Piciformes, 44
puffer (Sphaeroides), Tetraodontoidei, 41
puffer (Tetraodon), Tetraodontoidei, 41
puffin (Fratercula), Charadriiformes, 44
*Puffinus, 43 (footnote)
*Pugettia, Reptantia, 32
Pulex, Siphonaptera, 30
Pulmonata, 23
Puma, see Felis
*Punctum, Stylommatophora, 23
*Pungitius, Thoracostei, 40
*Puntazzo (=Charax), Percoidei, 39
*Puntius, Cyprinoidei, 38
*Puperita, Archaeogastropoda, 22
*Pupilla, Stylommatophora, 23
*Purpura, Stenoglossa, 23
Putorius, see Mustela
Pycnogonida, 33
Pycnogonomorpha, 33
Pycnogonum, Pycnogonomorpha, 33
Pycnophyes, Echinoderida, 18
Pycnopodia, Forcipulata, 35
Pyemotes, Acari, 33
Pygopodes, see Gaviiformes, 43
—, see Podicipediformes, 43
*Pygoscelis, Sphenisciformes, 43
*Pyrazus, Mesogastropoda, 22
*Pyrgophysa, Basommatophora, 23
*Pyrgula, Mesogastropoda, 22
Pyrocypris, Myodocopa, 30
*Pyromelana, see Euplectes
*Pyrophorus, Polyphaga, 29
Pyrosoma, Pyrosomida, 36
Pyrosomida, 36
*Pyrrhocoris, Heteroptera, 28
*Pythia, Basommatophora, 23
Python, Serpentes, 43
python (Python), Serpentes, 43
Pyura, Stolidobranchiata, 36
*Pyxicephalus, Diplasiocoela, 42

Q

Quadrigyrus, Eoacanthocephala, 21
quail (Coturnix), Galliformes, 44
—, button- (Turnix), Gruiformes, 44
*Quelea, Passeres, 45
quetzal (Pharomachrus), Trogoniformes, 44
quokka (Setonyx), Marsupialia, 45

R

*Raabella, Thigmotrichida, 9
rabbit (Oryctolagus), Lagomorpha, 46
rabbit-fishes (Holocephali), 37
raccoon (Procyon), Carnivora, 47
Radiolaria, 7
Radiophrya, Astomatida, 9
*Radix, Basommatophora, 23
*Radopholus, Tylenchida, 19
*Raeta, Heterodonta, 24
rag-fishes (Malacichthyes), 41
rail (Rallus), Gruiformes, 44
Raillietiella, Cephalobaenida, 33
Raillietina, Cyclophyllidea, 15
Raja, Batoidei, 37
*Rajonchocotyle, Diclybothrioidea, 14
Rallus, Gruiformes, 44
*Ramanella, Diplasiocoela, 42
Ramphastos, Piciformes, 44
ram's horn snail (Planorbis), Basommatophora, 23
Rana, Diplasiocoela, 42
*Ranatra, Heteroptera, 28
*Randallia, Reptantia, 32
*Rangia, Heterodonta, 24
Rangifer, Ruminantia, 48
*Raniceps, Anacanthini, 39
*Ranzania, Tetraodontoidei, 41
Raphidia, Megaloptera, 28
Raphidiophrys, Heliozoa, 7
*Rasbora, Cyprinoidei, 38
*Raspailia, Clavaxinellida, 10
*Rastrelliger, Scombroidei, 40
rat (Rattus), Myomorpha, 46
—, cotton (Sigmodon), Myomorpha, 46
—, coucha (Rattus (Mastomys)), Myomorpha, 46
—, maned (Lophiomys), Myomorpha, 46
—, mole (Spalax), Myomorpha, 46
—, moon (Echinosorex), Insectivora, 45
—, multimammate (Rattus (Mastomys)), Myomorpha, 46
—, white-tailed (Mystromys), Myomorpha, 46

rat-kangaroo (*Bettongia*), Marsupialia, 45
—, (*Potorous*), Marsupialia, 45
rattle snake (*Crotalus*), Serpentes, 43
*Rattulus, see *Trichocerca*
Rattus, Myomorpha, 46
raven (*Corvus*), Passeres, 45
ray (*Raja*), Batoidei, 37
—, eagle (*Myliobatis*), Batoidei, 37
—, sting (*Dasyatis*), Batoidei, 37
rays (Hypotremata), 37
razorbill (*Alca*), Charadriiformes, 44
razor-shell (*Ensis*), Desmodonta, 24
— (*Solen*), Desmodonta, 24
red deer (*Cervus*), Ruminantia, 48
*Reduvius, Heteroptera, 28
reed-fish (*Calamoichthys*), Cladistia, 37
*Regalecus, Allotriognathi, 39
Reighardia, Cephalobaenida, 33
reindeer (*Rangifer*), Ruminantia, 48
*Reinhardtius, Heterosomata, 40
*Reithrodontomys, Myomorpha, 46
*Remipes, see *Hippa*
Remora, Discocephali, 40
*Renifer (= *Ochetosoma*), Digenea, 15
Renilla, Pennatulacea, 12
*Reporhamphus, Exocoetoidei, 39
Reptantia, 32
reptiles (Reptilia), 42–43
Reptilia, 42–43
*Retepora, see *Sertella*
*Reticulitermes, Isoptera, 27
Retortamonas, see *Embadomonas*
Rhabdias, Rhabditina, 18
Rhabdiasoidea, 20
Rhabditida, 18
Rhabditina, 18
Rhabditis, Rhabditina, 18
Rhabditoidea, 20
*Rhabdocalyptus, Lyssacinosa, 10
Rhabdocoela, 13
*Rhabdomonas, Euglenoidina, 6
*Rhabdophaga, Nematocera, 29
Rhabdophorina, 8
*Rhabdophrya, Suctorida, 8
Rhabdopleura, Rhabdopleurida, 35
Rhabdopleurida, 35
*Rhabdostyla, Peritrichida, 9
Rhachianectes, Mysticeti, 47
*Rhachis, Stylommatophora, 23
*Rhacochilus, Percoidei, 39
Rhacophorus, Diplasiocoela, 42
Rhagio, Brachycera, 29
Rhea, Rheiformes, 43

rheas (Rheiformes), 43
Rhegnopteri, see Polynemoidei, 40
Rheiformes, 43
*Rhincalanus, Calanoida, 30
*Rhineodon, Galeoidei, 37
*Rhineura, Sauria, 42
*Rhinobatus, Batoidei, 37
Rhinoceros, Ceratomorpha, 47
rhinoceros (*Ceratotherium*), Ceratomorpha, 47
— (*Diceros*), Ceratomorpha, 47
— (*Rhinoceros*), Ceratomorpha, 47
Rhinochimaera, Holocephali, 37
Rhinocricus, Spirobolida, 26
*Rhinoderma, Diplasiocoela, 42
*Rhinogobius, Gobioidei, 40
Rhinolophus, Microchiroptera, 45
Rhinophrynus, Procoela, 42
*Rhinopoma, Microchiroptera, 45
*Rhinoptera, Batoidei, 37
*Rhipicephalus, Acari, 33
*Rhipidocotyle, Digenea, 15
*Rhithropanopeus, Reptantia, 32
Rhizocephala, 31
Rhizochloris, Xanthomonadina, 6
Rhizocrinus, Articulata, 34
*Rhizoglyphus, Acari, 33
Rhizomastigina, 7
Rhizopoda, 7
Rhizostoma, Rhizostomae, 12
Rhizostomae, 12
*Rhodacarus, Acari, 33
*Rhodacmea, Basommatophora, 23
*Rhodactis, Actiniaria, 13
*Rhodeus, Cyprinoidei, 38
*Rhodites, see *Diplolepis*
Rhodnius, Heteroptera, 28
*Rhodope, Nudibranchia, 23
*Rhodosoma, Phlebobranchiata, 36
*Rhombognathides, Acari, 33
*Rhomboidichthys, Heterosomata, 40
Rhombozoa, see Dicyemida, 9
*Rhombus, see *Scophthalmus*
Rhopalura, Orthonectida, 9
*Rhyacophila, Trichoptera, 29
Rhyacotriton, Ambystomatoidea, 42
*Rhynchites, Polyphaga, 29
*Rhynchobatus, Batoidei, 37
Rhynchobdella, see *Macrognathus*
Rhynchobdellida, 25
Rhynchobolus, see *Glycera*
Rhynchocephalia, 42
*Rhynchocinetes, Natantia, 32

Rhynchocoela, see Nemertina, 17
Rhynchocystis, Eugregarina, 7
Rhynchodemus, Terricola, 14
Rhynchonelloidea, 22
Rhynchophthirina, 28
Rhynchota, see Hemiptera, 28
Rhynchotus, Tinamiformes, 43
Rhynochetos, Gruiformes, 44
Rhysida, Scolopendromorpha, 26
Rhyssa, Apocrita, 30
ribbon-fish (*Trachypterus*), Allotriognathi, 39
ribbon worms (Nemertina), 17
Riccardoella, Acari, 33
Richardsonius, Cyprinoidei, 38
Ricinoides, Ricinulei, 33
Ricinulei, 33
Rictularia, Spirurida, 19
right whale (*Balaena*), Mysticeti, 47
ringed plover (*Charadrius*), Charadriiformes, 44
Rissa, Charadriiformes, 44
Rissoa, Mesogastropoda, 22
Rita, Cyprinoidei, 38
river prawn (*Macrobrachium*), Natantia, 32
river-snail (*Viviparus*), Mesogastropoda, 22
Rivulogammarus, Amphipoda, 32
Rivulus, Cyprinodontoidei, 39
roach (*Rutilus*), Cyprinoidei, 38
road-runner (*Geococcyx*), Cuculiformes, 44
roan antelope (*Hippotragus*), Ruminantia, 48
roatelo (*Mesoenas*), Gruiformes, 44
robber frog (*Eleutherodactylus*), Procoela, 42
Roccus, Percoidei, 39
Rocellaria, see *Gastrochaena*
rock lobster (*Panulirus*), Reptantia, 32
Rodentia, 46–47
roller (*Coracias*), Coraciiformes, 44
root-knot eelworm (*Meloidogyne*), Tylenchida, 19
rorqual (*Balaenoptera*), Mysticeti, 47
rose chafer (*Cetonia*), Polyphaga, 29
Rossella, Lyssacinosa, 10
Rossia, Decapoda, 24
Rostanga, Nudibranchia, 23
Rotalia, Foraminifera, 7
Rotaria, Bdelloidea, 17
Rotatoria, see Rotifera, 17
Rotifer, see *Rotaria*
Rotifera, 17–18
Rotula, Rotulina, 35
Rotulina, 35

roundworm, horse (*Parascaris*), Ascaridina, 18
—, large (*Ascaris*), Ascaridina, 18
—, poultry (*Ascaridia*), Ascaridina, 18
roundworms (Nematoda), 18–19
rousette (*Rousettus*), Megachiroptera, 45
Rousettus, Megachiroptera, 45
rudder-fish (*Lirus*), Stromateoidei, 40
ruffe (*Acerina*), Percoidei, 39
Rumina, Stylommatophora, 23
Ruminantia, 48
Rupicapra, Ruminantia, 48
Rupicola, Tyranni, 45
Ruticilla, see *Phoenicurus*
Rutilus, Cyprinoidei, 38

S

Sabella, Polychaeta, 25
Sabellaria, Polychaeta, 25
Sabelliphilus, Cyclopoida, 30
sable (*Martes*), Carnivora, 47
Saccacoelium, Digenea, 15
Saccobranchus, Lyomeri, 38
Saccocirrus, Archiannelida, 25
Saccodomus, Araneae, 33
Saccoglossus, Enteropneusta, 35
Saccopharyngiformes, see Lyomeri, 38
Saccopharynx, Lyomeri, 38
Sacculina, Rhizocephala, 31
Sacoglossa, 23
saddle-oyster (*Anomia*), Anisomyaria, 23
Sagartia, Actiniaria, 13
Sagitta, Chaetognatha, 33
Sagittarius, Falconiformes, 44
Saimiri, Simiae, 46
salamander, dusky (*Desmognathus*), Salamandroidea, 42
—, fire (*Salamandra*), Salamandroidea, 42
—, giant (*Megalobatrachus*), Cryptobranchoidea, 41
—, mole (*Ambystoma*), Ambystomatoidea, 42
—, Olympic (*Rhyacotriton*), Ambystomatoidea, 42
—, Pacific giant (*Dicamptodon*), Ambystomatoidea, 42
—, woodland (*Plethodon*), Salamandroidea, 42
Salamandra, Salamandroidea, 42
Salamandroidea, 42
Salenia, Hemicidaroida, 34
Salientia, 42
Salinator, Basommatophora, 23

*Salmacina, Polychaeta, 25
*Salmincola, Lernaeopodoida, 31
Salmo, Salmonoidei, 38
salmon (Salmo), Salmonoidei, 38
Salmonoidei, 38
Salmopercae, 39
Salpa, Salpida, 36
Salpida, 36
*Salpina, see *Mytilina*
salps (Salpida), 36
Saltatoria, see Orthoptera, 27
*Salticus (=*Epiblemum*), Araneae, 33
Salvelinus, Salmonoidei, 38
*Samia, Ditrysia, 29
sand-dollars (Clypeasteroida), 35
sand fly (*Phlebotomus*), Nematocera, 29
sand-grouse (*Pterocles*),
Columbiformes, 44
sand hopper (*Talitrus*), Amphipoda, 32
sandpiper (*Actitis*), Charadriiformes, 44
sand plover (*Charadrius*),
Charadriiformes, 44
sand-roller (*Percopsis*), Salmopercae, 39
*Sanguinicola, Digenea, 15
*Sanguinolaria, Heterodonta, 24
*Saperda, Polyphaga, 29
Saprodinium, Odontostomatida, 9
*Sarcochelichthys, Cyprinoidei, 38
Sarcocystis, Sporozoa (end), 8
Sarcodina, see Rhizopoda, 7
*Sarcophaga, Cyclorrhapha, 30
*Sarcophilus, Marsupialia, 45
*Sarcophyton, Alcyonacea, 12
*Sarcoptes, Acari, 33
*Sarcoramphus, Falconiformes, 44
sarcosporidiosis (*Sarcocystis*),
Sporozoa (end), 8
*Sarda, Scombroidei, 40
Sardina, Clupeoidei, 38
sardine (*Sardina*), Clupeoidei, 38
*Sardinella, Clupeoidei, 38
*Sardinops, Clupeoidei, 38
*Sargus, Percoidei, 39
Sarsia, Athecata, 12
*Saturnia, Ditrysia, 29
*Satyrus, Ditrysia, 29
Sauria, 42
*Saurida, Myctophoidei, 38
*Sauromalus, Sauria, 42
*Sawara, Scombroidei, 40
saw-fish (*Pristis*), Batoidei, 37
sawfly (*Nematus*), Symphyta, 30
—, stem (*Cephus*), Symphyta, 30

Saxicava, see *Hiatella*
*Saxidomus, Heterodonta, 24
scabbard fish (*Aphanopus*),
Trichiuroidei, 40
*Scala, see *Epitonium*
scale insect (*Coccus*), Homoptera, 28
scale-tailed flying squirrel (*Anomalurus*),
Sciuromorpha, 46
scallop (*Pecten*), Anisomyaria, 23
Scalopus, Insectivora, 45
scaly anteater (*Manis*), Pholidota, 46
*Scaphiopus, Anomocoela, 42
Scaphiostreptus, Spirostreptida, 26
*Scaphirhynchus, Chondrostei, 37
*Scapholeberis, Cladocera, 30
Scaphopoda, 23
*Scarabaeus, Polyphaga, 29
*Scardafella, Columbiformes, 44
*Scardinius, Cyprinoidei, 38
*Scaridium, Ploima, 18
*Scarus, Percoidei, 39
*Scatophaga, Cyclorrhapha, 30
*Scatophagus, Percoidei, 39
*Sceliphron, Apocrita, 30
*Sceloporus, Sauria, 42
*Schellackia, Adeleidea, 8
*Scheloribates (=*Protoschelobates*), Acari, 33
*Schilbeodes, Siluroidei, 39
Schistocephalus, Pseudophyllidea, 14
Schistocerca, Caelifera, 28
Schistosoma, Digenea, 15
*Schistosomatium, Digenea, 15
Schizocardium, Enteropneusta, 35
Schizocephala, see Polyxenida, 25
Schizocystis, Schizogregarina, 7
Schizodonta, 23
Schizogregarina, 7
Schizomida, see Schizopeltida, 32
Schizomus, Schizopeltida, 32
Schizopeltida, 32
*Schizophyllum, Julida, 26
*Schizoplax, Chitonida, 22
Schizoporella, Cheilostomata, 21
*Schizothaerus, Heterodonta, 24
Schizotrypanum, Protomonadina, 6
*Sciaena, Percoidei, 39
*Sciaenops, Percoidei, 39
Sciara, Nematocera, 29
*Scincus, Sauria, 42
Sciuromorpha, 46
Sciurus, Sciuromorpha, 46
Scleractinia, 13
Sclerodermi, see Balistoidei, 41

*Scleropages, Osteoglossoidei, 38
Scleroparei, 40
Sclerostomum, see *Strongylus*
Scolecomorphus, Gymnophiona, 41
*Scoliodon, Galeoidei, 37
Scolopendra, Scolopendromorpha, 26
Scolopendromorpha, 26
Scoloplos, Polychaeta, 25
Scomber, Scombroidei, 40
Scomberesocoidei, 39
*Scomberomorus, Scombroidei, 40
Scombresoces, see Synentognathi, 39
Scombresox, Scomberesocoidei, 39
Scombroidei, 40
*Scombrops, Percoidei, 39
Scopelidae, see Myctophoidei, 38
Scopeliformes, see Iniomi, 38
*Scophthalmus (=*Psetta*, *Rhombus*), Heterosomata, 40
*Scopula (=*Acidalia*), Ditrysia, 29
Scopus, Ciconiiformes, 43
*Scorpaena, Scorpaenoidei, 40
Scorpaenoidei, 40
Scorpio, Scorpiones, 32
scorpion flies (Mecoptera), 29
Scorpiones, 32
scorpions (Scorpiones), 32
—, false (Pseudoscorpiones), 32
—, micro-whip (Palpigradi), 32
—, whip (Holopeltida), 32
—, wind (Solifugae), 33
*Scorpiops, Scorpiones, 32
*Scoterpes, Chordeumida, 26
screamer (*Anhima*), Anseriformes, 43
Scrupocellaria, Cheilostomata,'21
Scutellina, 35
Scutigera, Scutigeromorpha, 26
Scutigerella, Symphyla, 26
Scutigeromorpha, 26
Scyliorhinus, Galeoidei, 37
*Scyllarus, Reptantia, 32
Scyllium, see *Scyliorhinus*
*Scymnodon, Squaloidei, 37
*Scymnorhinus, see *Dalatias*
*Scymnus, see *Dalatias*
Scypha, Sycettida, 10
Scyphomedusae, see Scyphozoa, 12
Scyphozoa, 12
*Scytodes, Araneae, 33
*Scytonotus, Polydesmida, 26
sea anemones (*Actiniaria*), 13
sea-butterfly (*Cavolina*), Pteropoda, 23
— (*Spiratella*), Pteropoda, 23

sea catfish (*Anarhichas*), Blennioidei, 40
sea cucumbers (Holothuroidea), 34
sea fan (*Antillogorgia*), Gorgonacea, 12
— — (*Eunicella*), Gorgonacea, 12
sea gooseberries (Ctenophora), 13
sea gooseberry (*Pleurobrachia*), Cydippida, 13
sea-hare (*Aplysia*), Pleurocoela, 23
sea-horse (*Hippocampus*), Solenichthyes, 39
sea-lemon (*Doris*), Nudibranchia, 23
sea lily (*Metacrinus*), Articulata, 34
— — (*Rhizocrinus*), Articulata, 34
sea lion (*Otaria*), Pinnipedia, 47
— —, Californian (*Zalophus*), Pinnipedia, 47
sea pen (*Pennatula*), Pennatulacea, 12
sea-slug (*Aeolidia*), Nudibranchia, 23
— (*Pleurobranchus*), Notaspidea, 23
sea-slugs (Sacoglossa), 23
sea spiders (Pycnogonida), 33
sea squirts (Ascidiacea), 36
sea toads (Antennarioidei), 41
sea urchins (Cidaroida), 34
— — (Diadematacea), 34
— — (Echinacea), 34
seal (*Phoca*), Pinnipedia, 47
—, Atlantic (*Halichoerus*), Pinnipedia, 47
—, elephant (*Mirounga*), Pinnipedia, 47
—, grey (*Halichoerus*), Pinnipedia, 47
*Searsia, Clupeoidei, 38
Sebastes, Scorpaenoidei, 40
*Sebastolobus, Scorpaenoidei, 40
Sebekia, Porocephalida, 33
secretary bird (*Sagittarius*), Falconiformes, 44
Sedentaria, 25 (footnote)
Seison, Seisonidea, 17
Seisonidea, 17
Selachii, 37
Selachoidei, see Pleurotremata, 37
Selenidium, Archigregarina, 7
Selenococcidium, Prococcidia, 8
Selenocystis, Archigregarina, 7
*Selenomonas, Metamonadina, 7
*Selenops, Araneae, 33
Semaeostomae, 12
*Semele (=*Amphidesma*), Heterodonta, 24
*Semotilus, Cyprinoidei, 38
Sepia, Decapoda, 24
*Sepiella, Decapoda, 24
*Sepietta, Decapoda, 24
*Sepiola, Decapoda, 24
*Sepioteuthis, Decapoda, 24
Septibranchia, 24

*Sergestes, Natantia, 32
*Serinus, Passeres, 45
*Seriola, Percoidei, 39
serotine bat (*Eptesicus*), Microchiroptera, 45
Serpentes, 43
Serpula, Polychaeta, 25
*Serranochromis, Percoidei, 39
*Serranus, Percoidei, 39
*Serrasalmus, Characoidei, 38
*Sertella (= *Retepora*), Cheilostomata, 21
Sertularia, Thecata, 12
*Sesarma, Reptantia, 32
Setaria, Spirurida, 19
*Setipinna, Clupeoidei, 38
Setonyx, Marsupialia, 45
sewellel (*Aplodontia*), Sciuromorpha, 46
shad (*Alosa*), Clupeoidei, 38
shaft louse (*Menopon*), Mallophaga, 28
sharks (Pleurotremata), 37
shearwater (*Procellaria*),
Procellariiformes, 43
sheep (*Ovis*), Ruminantia, 48
sheep-snail (*Helicella*),
Stylommatophora, 23
sheep tick (*Melophagus*),
Cyclorrhapha, 30
shell, bubble (*Bulla*), Pleurocoela, 23
—, — (*Haminea*), Pleurocoela, 23
—, coat of mail (*Chiton*), Chitonida, 22
—, — (*Tonicella*), Chitonida, 22
—, cone (*Conus*), Stenoglossa, 23
—, — (*Terebra*), Stenoglossa, 23
—, ear (*Haliotis*), Archaeogastropoda, 22
—, file (*Lima*), Anisomyaria, 23
—, helmet- (*Cassis*), Mesogastropoda, 22
—, necklace- (*Natica*), Mesogastropoda, 22
—, — (*Strombus*), Mesogastropoda, 22
—, Noah's ark (*Arca*), Eutaxodonta, 23
—, nut- (*Nucula*), Protobranchia, 23
—, pelican's foot- (*Aporrhais*),
Mesogastropoda, 22
—, razor- (*Ensis*), Desmodonta, 24
—, — (*Solen*), Desmodonta, 24
—, top- (*Trochus*), Archaeogastropoda, 22
—, trumpet- (*Charonia*),
Mesogastropoda, 22
shell-bearing slug (*Testacella*),
Stylommatophora, 23
shells, tusk (Scaphopoda), 23
*Shinisaurus, Sauria, 42
ship-worm (*Teredo*), Desmodonta, 24
shore crab (*Carcinus*), Reptantia, 32
shore eel (*Alabes*), Alabetoidei, 41
shorthorned grasshoppers (Caelifera), 28
shrew (*Sorex*), Insectivora, 45
—, elephant (*Macroscelides*),
Insectivora, 45
—, tree (*Tupaia*), Prosimii, 46
—, white-toothed (*Crocidura*),
Insectivora, 45
shrimp (*Crangon*), Natantia, 32
—, (*Gammarus*), Amphipoda, 32
—, ghost (*Caprella*), Amphipoda, 32
—, snapping (*Alpheus*), Natantia, 32
—, well (*Niphargus*), Amphipoda, 32
shrimps, clam (Conchostraca), 30
—, fairy (Anostraca), 30
—, mantis (Stomatopoda), 32
—, opossum- (Mysidacea), 31
Sialis, Megaloptera, 28
Sibbaldus, Mysticeti, 47
Siboglinum, Athecanephria, 33
Sibogonemertes, Monostylifera, 17
*Sicyases, Xenopterygii, 41
*Sicyonia, Natantia, 32
Sida, Cladocera, 30
Siderastrea, Scleractinia, 13
Siganoidei, see Teuthidoidei, 39
*Sidnyum, Aplousobranchiata, 36
*Sigara, Heteroptera, 28
Sigmatosclerophora, 11
Sigmodon, Myomorpha, 46
*Signalosa, Clupeoidei, 38
Sika, Ruminantia, 48
Silicoflagellata, 6
*Silicularia, Athecata, 12
silk moth (*Bombyx*), Ditrysia, 29
*Sillago, Percoidei, 39
*Silonia, Siluroidei, 39
*Silpha, Polyphaga, 29
Siluroidei, 39
Silurus, Siluroidei, 39
*Silvanus, Polyphaga, 29
silver fish (*Lepisma*), Thysanura, 27
Simia, see *Pongo*
Simiae, 46
Simocephalus, Cladocera, 30
Simulium, Nematocera, 29
*Sinantherina (= *Megalotrocha*),
Flosculariacea, 18
*Siniperca, Percoidei, 39
*Sinonovacula, Desmodonta, 24
*Sinum, Mesogastropoda, 22
*Siphamia, Percoidei, 39
*Siphlonurus, Ephemeroptera, 27
Siphonaptera, 30

*Siphonaria (=*Trimusculus*), Basommatophora, 23

Siphoniulus, Colobognatha, 26

Siphonodentalium, Scaphopoda, 23

*Siphonoides, Sipuncula, 24

*Siphonomecus, Sipuncula, 24

Siphonophora, 12

*Siphonophora, Colobognatha, 26

Siphonopoda, see Cephalopoda, 24

*Siphonops, Gymnophiona, 41

*Siphonosoma, Sipuncula, 24

*Siphostoma, Solenichthyes, 39

Siphunculata, see Anoplura, 28

Sipuncula, 24

Sipunculus, Sipuncula, 24

Siredon, see *Ambystoma*

Siren, Trachystomata, 42

siren (*Siren*), Trachystomata, 42

—, dwarf (*Pseudobranchus*), Trachystomata, 42

Sirenia, 47

Sirex, Symphyta, 30

Siriella, Mysidacea, 31

*Sistrurus, Serpentes, 43

Sisyra, Planipennia, 29

*Sitaris, Polyphaga, 29

*Siteroptes, Acari, 33

*Sitodrepa, see *Stegobium*

*Sitona, Polyphaga, 29

*Sitophilus (=*Calandra*), Polyphaga, 29

Sitotroga, Ditrysia, 29

skipper (*Scombresox*), Scomberesocoidei, 39

skua (*Stercorarius*), Charadriiformes, 44

skunk, spotted (*Spilogale*), Carnivora, 47

sleeping-sickness (*Trypanosoma*), Protomonadina, 6

slipper animalcule (*Paramecium*), Peniculina, 8

slipper limpet (*Crepidula*), Mesogastropoda, 22

sloth, 3-toed (*Bradypus*), Edentata, 46

slow-worm (*Anguis*), Sauria, 42

slug, shell-bearing (*Testacella*), Stylommatophora, 23

—, land- (*Arion*), Stylommatophora, 23

—, — (*Limax*), Stylommatophora, 23

—, sea- (*Aeolidia*), Nudibranchia, 23

—, — (*Pleurobranchus*), Notaspidea, 23

slugs, sea- (Sacoglossa), 23

small fruit fly (*Drosophila*), Cyclorrhapha, 30

*Smaris, Percoidei, 39

smelt (*Osmerus*), Salmonoidei, 38

smelt, surf (*Hypomesus*), Salmonoidei, 38

*Smeringopus, Araneae, 33

*Smerinthus, Ditrysia, 29

Sminthurus, Symphypleona, 26

Smithornis, Eurylaimi, 45

*Smittina, Cheilostomata, 21

snail, land (*Helix*), Stylommatophora, 23

—, pond (*Lymnaea*), Basommatophora, 23

—, ram's horn (*Planorbis*), Basommatophora, 23

—, river- (*Viviparus*), Mesogastropoda, 22

—, sheep- (*Helicella*), Stylommatophora, 23

snake, grass (*Natrix*), Serpentes, 43

—, rattle (*Crotalus*), Serpentes, 43

—, water (*Natrix*), Serpentes, 43

snake fly (*Raphidia*), Megaloptera, 28

snakes (Serpentes), 43

snapping shrimp (*Alpheus*), Natantia, 32

snipe-fish (*Macrorhamphosus*), Solenichthyes, 39

snowy cricket (*Oecanthus*), Ensifera, 27

soft corals (Octocorallia), 12

soft-shelled turtle (*Trionyx*), Cryptodira, 42

Solaster, Spinulosa, 35

Solea, Heterosomata, 40

Solemya, Protobranchia, 23

Solen, Desmodonta, 24

Solenichthyes, 39

*Solenobia, Ditrysia, 29

*Solenocera, Natantia, 32

Solenogastres, see Aplacophora, 22

*Soletellina, Heterodonta, 24

Solifugae, 33

Solmissus, Narcomedusae, 12

Solmundella, Narcomedusae, 12

Solpuga, Solifugae, 33

Solpugida, see Solifugae, 33

*Somateria, Anseriformes, 43

*Somniosus, Squaloidei, 37

songbirds (Passeres), 45

*Sonora, Serpentes, 43

Sorex, Insectivora, 45

sour paste eelworm (*Panagrellus*), Rhabditina, 18

South American caiman (*Caiman*), Crocodylia, 43

spade foot (*Pelobates*), Anomocoela, 42

Spadella, Chaetognatha, 33

Spalax, Myomorpha, 46

*Sparisoma, Percoidei, 39

sparrow hawk (*Accipiter*), Falconiformes, 44

*Sparus, Percoidei, 39
Spatangoida, 35
Spatangus, Spatangoida, 35
*Spathegaster, Apocrita, 30
*Spathidium, Rhabdophorina, 8
Spelaeogriphacea, 32
Spelaeogriphus, Spelaeogriphacea, 32
Spengelia, Enteropneusta, 35
*Speocarcinus, Reptantia, 32
sperm whale (*Physeter*), Odontoceti, 47
Spermophilus, see *Citellus*
Sphaerechinus, Temnopleuroida, 34
*Sphaerella, Alcyonacea, 12
*Sphaerium, Heterodonta, 24
Sphaerius, Polyphaga, 29
Sphaerocapsa, Radiolaria, 7
*Sphaerodactylus, Sauria, 42
Sphaeroides, Tetraodontoidei, 41
*Sphaeroma, Isopoda, 32
*Sphaeromonas, Chrysomonadina, 6
Sphaeronella, Lernaeopodoida, 31
Sphaerospora, Myxosporidia, 8
Sphaerotherium, Glomerida, 26
Sphaerozoum, Radiolaria, 7
Sphaerularia, Tylenchida, 19
Spheciospongia, Clavaxinellida, 10
Sphenisciformes, 43
Spheniscus, Sphenisciformes, 43
Sphenodon, Rhynchocephalia, 42
*Sphex, Apocrita, 30
*Sphinx (=*Sphynx*), Ditrysia, 29
Sphodromantis, Mantodea, 27
*Sphynx, see *Sphinx*
Sphyraena, Mugiloidei, 40
Sphyrna, Galeoidei, 37
*Spicara, Percoidei, 39
spider monkey (*Ateles*), Simiae, 46
spiders (Araneae), 33
—, false (Solifugae), 33
—, harvest (Opiliones), 33
—, sea (Pycnogonida), 33
—, sun (Solifugae), 33
Spilogale, Carnivora, 47
*Spilopelia, see *Streptopelia*
Spinachia, Thoracostei, 40
*Spinax (=*Etmopterus*), Squaloidei, 37
*Spinturnix, Acari, 33
Spinulosa, 35
spiny anteater (*Tachyglossus*), Monotremata, 45
spiny eels (Opisthomi), 41
*Spirastrella, Clavaxinellida, 10
Spiratella, Pteropoda, 23

Spirobolida, 26
Spirobolus, Spirobolida, 26
Spirobrachia, Thecanephria, 33
*Spirocerca, Spirurida, 19
Spirochona, Chonotrichida, 8
Spirocodon, Athecata, 12
Spirodinium, Entodiniomorphida, 9
Spirographis, see *Sabella*
*Spiromonas, Protomonadina, 6
Spirophrya, Apostomatida, 9
*Spirorbis, Polychaeta, 25
Spirostomum, Heterotrichina, 9
Spirostreptida, 26
Spirostreptus, Spirostreptida, 26
Spirotricha, 9
Spirula, Decapoda, 24
Spirurida, 19
Spiruroidea, 20
Spisula, Heterodonta, 24
*Spondyliosoma, Percoidei, 39
Spondylomorum, Phytomonadina, 6
Spondylus, Anisomyaria, 23
sponge, bath (*Spongia*), Dictyoceratida, 10
—, loggerhead (*Spheciospongia*), Clavaxinellida, 10
sponges (Porifera), 10
—, glass (Hexactinellida), 10
—, horny (Keratosa), 10
Spongia, Dictyoceratida, 10
Spongiida, see Porifera, 10
Spongilla, Haplosclerida, 11
*Spongosorites, Clavaxinellida, 10
spoonbill (*Platalea*), Ciconiiformes, 43
Sporozoa, 7–8
spotted skunk (*Spilogale*), Carnivora, 47
*Sprattus, Clupeoidei, 38
spring-tails (Collembola), 26
Squaloidei, 37
Squalus, Squaloidei, 37
Squamata, 42–43
squash bug (*Anasa*), Heteroptera, 28
Squatina, Squaloidei, 37
*Squatinella (=*Stephanops*), Ploima, 18
squid (*Alloteuthis*), Decapoda, 24
— (*Architeuthis*), Decapoda, 24
— (*Heteroteuthis*), Decapoda, 24
— (*Loligo*), Decapoda, 24
—, vampire (*Vampryoteuthis*), Vampyromorpha, 24
Squilla, Stomatopoda, 32
squirrel (*Sciurus*), Sciuromorpha, 46
—, African ground (*Xerus*), Sciuromorpha, 46

squirrell, American flying (*Glaucomys*), Sciuromorpha, 46
—, American ground (*Citellus*), Sciuromorpha, 46
—, scale-tailed flying (*Anomalurus*), Sciuromorpha, 46
squirrel monkey (*Saimiri*), Simiae, 46
squirts, sea (Ascidiacea), 36
stag beetle (*Lucanus*), Polyphaga, 29
Stagnicola, Basommatophora, 23
Staphylinus, Polyphaga, 29
starfishes (Asteroidea), 35
star-nosed mole (*Condylura*), Insectivora, 45
starling (*Sturnus*), Passeres, 45
Stauromedusae, 12
Steatocranus, Percoidei, 39
Steatogenes, Gymnotoidei, 38
Steatomys, Myomorpha, 46
Steatornis, Caprimulgiformes, 44
Steganopodes, see Pelecaniformes, 43
Steganoporella, Cheilostomata, 21
Stegobium (=*Sitodrepa*), Polyphaga, 29
Stegodyphus, Araneae, 33
Stegomyia, Nematocera, 29
Stegostoma, Galeoidei, 37
Steinina, Eugregarina, 7
Stelletta, Choristida, 10
Stelmatopoda, see Gymnolaemata, 21
stem-and-bulb eelworm (*Ditylenchus*), Tylenchida, 19
stem sawfly (*Cephus*), Symphyta, 30
Stemmiulus, Chordeumida, 26
Stemonitis, Mycetozoa, 7
Stenobothrus, Caelifera, 28
Stenocypris, Podocopa, 30
Stenodus, Salmonoidei, 38
Stenoglossa, 23
—, see Mesogastropoda, 22
Stenolaemata, see Cyclostomata, 21
Stenopelmatus, Ensifera, 27
Stenoplax, Chitonida, 22
Stenopus, Natantia, 32
Stenorhynchus, Reptantia, 32
*—, see Macropodia
Stenostomata, see Cyclostomata, 21
Stenostomum, Rhabdocoela, 13
Stenotomus, Percoidei, 39
Stentor, Heterotrichina, 9
Stephanella, Phylactolaemata, 21
Stephanoceros, Collothecacea, 18
Stephanops, see *Squatinella*
Stephanostomum, Digenea, 15
Stephanurus, Strongylina, 18

Stercorarius, Charadriiformes, 44
Stereobalanus, Enteropneusta, 35
Sterna, Charadriiformes, 44
Sternarchus, Gymnotoidei, 38
Sternaspis, Polychaeta, 25
Sternotherus, Cryptodira, 42
Stichaeus, Blennioidei, 40
Stichastrella, Forcipulata, 35
Stichopus, Aspidochirota, 34
Stichorchis, Digenea, 15
stick-insect (*Carausius*), Phasmida, 27
— (*Donusa*), Phasmida, 27
sticklebacks (Thoracostei), 40
sticktight (*Echidnophaga*), Siphonaptera, 30
Stigmaeus, Acari, 33
Stigmella, Monotrysia, 29
Stigmodera, Polyphaga, 29
sting ray (*Dasyatis*), Batoidei, 37
sting-winkle (*Murex*), Stenoglossa, 23
— (*Ocenebra*), Stenoglossa, 23
Stoasodon, see *Aetobatus*
stoat (*Mustela*), Carnivora, 47
Stoecharthrum, Orthonectida, 9
Stoichactis, Actiniaria, 13
Stolephorus, Clupeoidei, 38
Stolidobranchiata, 36
Stomatoda, see Peritrichida, 9
Stomatopoda, 32
Stomatopora, Cyclostomata, 21
Stomias, Stomiatoidei, 38
Stomiatoidei, 38
Stomochordata, see Hemichordata, 35
Stomolophus, Rhizostomae, 12
Stomopneustes, Phymosomatoida, 34
Stomoxys, Cyclorrhapha, 30
Stomphia, Actiniaria, 13
stone-flies (Plecoptera), 27
stony corals (Scleractinia), 13
Storeria, Serpentes, 43
stork (*Ciconia*), Ciconiiformes, 43
—, whale-headed (*Balaeniceps*), Ciconiiformes, 43
storm petrel (*Hydrobates*), Procellariiformes, 43
Stratiomyia, see *Stratiomys*
Stratiomys (=*Stratiomyia*), Brachycera, 29
Strepsiptera, 29
Streptastrosclerophora, 11
Streptocephalus, Anostraca, 30
Streptoneura, see Prosobranchia, 22
Streptopelia (=*Spilopelia*), Columbiformes, 44
Strigea, Digenea, 15

Strigiformes, 44
*Strigomonas (= *Crithidia*),
Protomonadina, 6
striped hyaena (*Hyaena*), Carnivora, 47
Strix, Strigiformes, 44
Strobilidium (= *Strombilidium*),
Oligotrichida, 9
Stromateoidei, 40
Strombidium, Oligotrichida, 9
Strombilidium, see *Strobilidium*
Strombus, Mesogastropoda, 22
Strongylina, 18
Strongylocentrotus, Echinoida, 34
Strongyloidea, 20
Strongyloides, Rhabditina, 18
Strongylosoma, Polydesmida, 26
Strongylura, Scomberesocoidei, 39
Strongylus, Strongylina, 18
Strophocheilus, Stylommatophora, 23
Struthio, Struthioniformes, 43
Struthioniformes, 43
sturgeon (*Acipenser*), Chondrostei, 37
Sturnus, Passeres, 45
Styela, Stolidobranchiata, 36
Stylaria, Oligochaeta, 25
Stylaster, Athecata, 12
Stylocephalus, Eugregarina, 7
Stylocheiron, Euphausiacea, 32
Stylochona, Chonotrichida, 8
Stylochus, Acotylea, 14
Stylodrilus, Oligochaeta, 25
Stylommatophora, 23
Stylonychia, Hypotrichida, 9
stylopids (Strepsiptera), 29
Stylops, Strepsiptera, 29
Stylotella, Clavaxinellida, 10
Suberites, Clavaxinellida, 10
Subulina, Stylommatophora, 23
Subulara, Ascaridina, 18
Succinea, Stylommatophora, 23
sucker-fishes (Discocephali), 40
sucking lice (Anoplura), 28
Suctoria, see Siphonaptera, 30
Suctorida, 8
sugar-cane leaf-hopper (*Perkinsiella*),
Homoptera, 28
Suiformes, 47
Sula, Pelecaniformes, 43
sun-bittern (*Eurypyga*), Gruiformes, 44
sun-fish (*Mola*), Tetraodontoidei, 41
sun-grebe (*Heliornis*), Gruiformes, 44
sun spiders (Solifugae), 33
surf smelt (*Hypomesus*), Salmonoidei, 38

surgeon-fish (*Acanthurus*),
Acanthuroidei, 39
Surinam toad (*Pipa*), Opisthocoela, 42
Sus, Suiformes, 47
swallow (*Hirundo*), Passeres, 45
swallow-tail (*Papilio*), Ditrysia, 29
swan (*Cygnus*), Anseriformes, 43
swan-mussel (*Anodonta*), Heterodonta, 24
swift (*Apus*), Apodiformes, 44
swordtail (*Platypoecilus*),
Cyprinodontoidei, 39
Sycandra, Sycettida, 10
Sycettida, 10
Sycia, Eugregarina, 7
Sycon, see *Scypha*
Syllis, Polychaeta, 25
Sylvia, Passeres, 45
Sylvilagus, Lagomorpha, 46
Sympetrum, Anisoptera, 27
Symphyla, 26
Symphylella, Symphyla, 26
Symphypleona, 26
Symphyta, 30
Synanceja, Scorpaenoidei, 40
Synaphobranchus, Apodes, 39
Synapta, Apoda, 34
Synbranchii, 41
Synbranchoidei, 41
Synbranchus, Synbranchoidei, 41
Syncarida, 31
Synchaeta, Ploima, 18
Synchroa, Polyphaga, 29
Syncyamus, Amphipoda, 32
Syncystis, Schizogregarina, 7
Syndesmis, Rhabdocoela, 13
Synentognathi, 39
Syngamus, Strongylina, 18
Syngnathiformes, see Solenichthyes, 39
Syngnathus, Solenichthyes, 39
Synodus, Myctophoidei, 38
Syphacia, Ascaridina, 18
Syraphus, Tanaidacea, 31
Syringophilus, Acari, 33
Syrrhophus, Procoela, 42
Syspastus, see *Helleria*

T

Tabanus, Brachycera, 29
Tachardia, Homoptera, 28
Tachina, Cyclorrhapha, 30
Tachycines, Ensifera, 27
Tachyglossus, Monotremata, 45
Tachypleus, Xiphosura, 32

*Tadarida, Microchiroptera, 45
*Tadorna, Anseriformes, 43
*Taenia, Cyclophyllidea, 15
*Taeniarhynchus (=Taenia?), Cyclophyllidea, 15
Taenioidea, see Cyclophyllidea, 15
*Taeniothrips, Thysanoptera, 28
*Taeniotoca, Percoidei, 39
*Tagelus, Heterodonta, 24
*Taius, Percoidei, 39
takahe (*Notornis*), Gruiformes, 44
tailed frog (*Ascaphus*), Amphicoela, 42
*Takydromus, Sauria, 42
*Talegalla, Galliformes, 44
*Talitrus, Amphipoda, 32
*Talorchestia, Amphipoda, 32
*Talpa, Insectivora, 45
*Tamandua, Edentata, 46
*Tamanovalva, Sacoglossa, 23
tamarin (*Tamarinus*), Simiae, 46
*Tamarinus, Simiae, 46
*Tamias, Sciuromorpha, 46
Tanaidacea, 31
*Tanais, Tanaidacea, 31
*Tanakia, Cyprinoidei, 38
*Tangavius, Passeres, 45
*Tanichthys, Cyprinoidei, 38
*Tantilla, Serpentes, 43
*Tanytarsus, Nematocera, 29
*Taonius, Decapoda, 24
*Tapes, Heterodonta, 24
tapeworms (Cestoda), 14
*Taphius, Basommatophora, 23
*Taphrocampa, Ploima, 18
tapir (*Tapirus*), Ceratomorpha, 47
*Tapirus, Ceratomorpha, 47
Tardigrada, 33
*Tarebia, Mesogastropoda, 22
*Tarentola, Sauria, 42
*Taricha, Salamandroidea, 42
tarpon (*Megalops*), Clupeoidei, 38
*Tarrocanus, Araneae, 33
tarsier (*Tarsius*), Tarsii, 46
Tarsii, 46
*Tarsipes, Marsupialia, 45
*Tarsius, Tarsii, 46
*Tarsonemus, Acari, 33
Tartaridae, see Schizopeltida, 32
*Tatera, Myomorpha, 46
*Tatjanella, Echiurida, 24
*Taurotragus, Ruminantia, 48
*Tautoga, Percoidei, 39
*Tautogolabrus, Percoidei, 39

*Taxidea, Carnivora, 47
*Tayassu, Suiformes, 47
*Tealia, Actiniaria, 13
*Tectarius, Mesogastropoda, 22
Tectibranchia, see Pleurocoela, 23
*Tecticeps, Isopoda, 32
Tectospondyli, see Squaloidei, 37
*Tedania, Poecilosclerida, 11
*Tegenaria, Araneae, 33
*Tegula, Archaeogastropoda, 22
*Tegulorhynchia, Rhynchonelloidea, 22
*Telea, Ditrysia, 29
Teleostei, see Neopterygii, 37
*Telephorus, Polyphaga, 29
*Telescopium, Mesogastropoda, 22
tellin (*Tellina*), Heterodonta, 24
*Tellina, Heterodonta, 24
*Telmatobius, Procoela, 42
*Telmessus, Reptantia, 32
*Telomyxa, Microsporidia, 8
*Telorchis, Digenea, 15
*Telosentis, Palaeacanthocephala, 20
Telosporidia, see Sporozoa, 7
Telotremata, 22 (footnote)
*Telphusa, see *Potamon*
*Temnocephala, Temnocephalidea, 14
Temnocephalidea, 14
Temnocephaloidea, 14
Temnopleuroida, 34
*Temnopleurus, Temnopleuroida, 34
*Temora, Calanoida, 30
*Tenebrio, Polyphaga, 29
*Tenrec, Insectivora, 45
tenrec (*Tenrec*), Insectivora, 45
*Tentacularia, Tetrarhynchoidea, 15
Tentaculata, 13
Tentaculifera, see Suctorida, 8
*Tenuibranchiurus, Reptantia, 32
*Terebella, Polychaeta, 25
*Terebellum, Mesogastropoda, 22
*Terebra, Stenoglossa, 23
*Terebratalia, Terebratelloidea, 22
*Terebratella, Terebratelloidea, 22
Terebratelloidea, 22
*Terebratulina, Terebratuloidea, 22
Terebratuloidea, 22
*Teredo, Desmodonta, 24
termites (Isoptera), 27
*Termopsis, Isoptera, 27
tern (*Sterna*), Charadriiformes, 44
*Terrapene, Cryptodira, 42
terrapin (*Chrysemys*), Cryptodira, 42
Terricola, 14

Terricolae, 25 (footnote)
Testacea, 7
Testacella, Stylommatophora, 23
Testudinella, Flosculariacea, 18
Testudines, 42
Testudo, Cryptodira, 42
Tethya, Clavaxinellida, 10
Tetilla, Choristida, 10
Tetrabothrioidea, 15
Tetrabothrius, Tetrabothrioidea, 15
Tetrabranchia, 24
Tetraclita, Thoracica, 31
Tetractinomorpha, 10
Tetractinomyxon, Actinomyxidia, 8
Tetradesmida, 14–15
Tetragnatha, Araneae, 33
Tetragonurus, Stromateoidei, 40
Tetrahymena, Tetrahymenina, 8
Tetrahymenina, 8
Tetrakentron, Heterotardigrada, 33
Tetrameres, Spirurida, 19
Tetramitus, Metamonadina, 7
Tetranychus, Acari, 33
Tetrao, Galliformes, 44
Tetraodon, Tetraodontoidei, 41
Tetraodontiformes, see Plectognathi, 40
Tetraodontoidei, 41
Tetraopes, Polyphaga, 29
Tetraphyllidea, 15
Tetrapturus, Scombroidei, 40
Tetrarhynchoidea, 15
Tetrarhynchus, Tetrarhynchoidea, 15
Tetrastemma, Monostylifera, 17
Tetraxonida, 11
Tetrix, Caelifera, 28
Tettigonia, Ensifera, 27
Teuthidoidei, 39
Teuthis, Teuthidoidei, 39
Texas cattle fever (*Babesia*), Sporozoa (end), 8
Textularia, Foraminifera, 7
Thais, Ditrysia, 29
Thalarctos, Carnivora, 47
Thalassema, Echiurida, 24
Thalassicola, Radiolaria, 7
Thalassina, Reptantia, 32
Thalassochelys, see *Caretta*
Thalassoma, Percoidei, 39
Thalassophryne, Haplodoci, 41
Thaleichthys, Salmonoidei, 38
Thalia, Salpida, 36
Thaliacea, 36
Thamnophis, Serpentes, 43

Thamnotrizon, see *Pholidoptera*
Thaumetopoea, Ditrysia, 29
Thayeria, Characoidei, 38
Theba (= *Euparypha*), Stylommatophora, 23
Thecamoeba, Amoebina, 7
Thecanephria, 33
Thecata, 12
Thecidellina, Thecideoidea, 22
Thecideoidea, 22
Theileria, Sporozoa (end), 8
Thelastoma, Ascaridina, 18
Thelazia, Spirurida, 19
Thelepus, Polychaeta, 25
Thelia, Homoptera, 28
Thelohania, Microsporidia, 8
Thelyphonida, see Holopeltida, 32
Thelyphonus, Holopeltida, 32
Thenea, Choristida, 10
Theodoxus, Archaeogastropoda, 22
Theragra, Anacanthini, 39
Theraphosa, Araneae, 33
Therapon, Percoidei, 39
Theria, 45–48
Theridion, Araneae, 33
Thermacarus, Acari, 33
Thermobia, Thysanura, 27
Thermocyclops, Cyclopoida, 30
Thermosbaena, Thermosbaenacea, 31
Thermosbaenacea, 31
Theromyzon, see *Protoclepsis*
Thetys, Salpida, 36
Thiara (= *Melania*), Mesogastropoda, 22
Thigmophrya, Thigmotrichida, 9
Thigmotrichida, 9
Thomisus, Araneae, 33
Thomomys, Sciuromorpha, 46
Thoosa, Clavaxinellida, 10
Thoracica, 31
Thoracostei, 40
Thorictis, see *Dracaena*
thorny-headed worms (Acanthocephala), 20–21
thorny oyster (*Spondylus*), Anisomyaria, 23
Thoropa, Procoela, 42
Thracia, Desmodonta, 24
threadworm (*Enterobius*), Ascaridina, 18
—, mouse (*Aspiculuris*), Ascaridina, 18
3-toed sloth (*Bradypus*), Edentata, 46
Threskiornis, Ciconiiformes, 43
Thrips, Thysanoptera, 28
thrips (Thysanoptera), 28
Thrissocles, Clupeoidei, 38
Thrombus, Choristida, 10

thrush (*Turdus*), Passeres, 45
Thryonomys, Hystricomorpha, 47
Thunnus, Scombroidei, 40
Thylacinus, Marsupialia, 45
Thymallus, Salmonoidei, 38
Thynnus, see *Thunnus*
Thyone, Dendrochirota, 34
Thyroglutus, Spirostreptida, 26
Thyropygus, Spirostreptida, 26
Thyrsites, Trichiuroidei, 40
Thysaniezia, Cyclophyllidea, 15
Thysanoessa, Euphausiacea, 32
Thysanopoda, Euphausiacea, 32
Thysanoptera, 28
Thysanosoma, Cyclophyllidea, 15
Thysanozoon, Cotylea, 14
Thysanura, 27
Thysanus, Apocrita, 30
Tiaropsis, Thecata, 12
Tibia, Mesogastropoda, 22
tick (*Argas*), Acari, 33
— (*Ixodes*), Acari, 33
— (*Ornithodoros*), Acari, 33
—, sheep (*Melophagus*), Cyclorrhapha, 30
tiger (*Panthera*), Carnivora, 47
tiger beetle (*Cicindela*), Adephaga, 29
tigerfish (*Hydrocyon*), Characoidei, 38
Tigriopus, Harpacticoida, 31
Tigris, see *Panthera*
Tilapia, Percoidei, 39
Tiliqua, Sauria, 42
Tillina, Trichostomatida, 8
Timarcha, Polyphaga, 29
Tinamiformes, 43
tinamous (Tinamiformes), 43
Tinca, Cyprinoidei, 38
Tinea, Ditrysia, 29
Tineola, Ditrysia, 29
Tintinnida, 9
Tintinnopsis, Tintinnida, 9
Tintinnus, Tintinnida, 9
Tipula, Nematocera, 29
Tisbe, Harpacticoida, 31
Tityus, Scorpiones, 32
Tivela, Heterodonta, 24
Tjalfiella, Platyctenea, 13
toad (*Bufo*), Procoela, 42
—, bull (*Megophrys*), Anomocoela, 42
—, clawed (*Xenopus*), Opisthocoela, 42
—, fire bellied (*Bombina*), Opisthocoela, 42
—, Mexican digger (*Rhinophrynus*), Procoela, 42

toad, midwife (*Alytes*), Opisthocoela, 42
—, Surinam (*Pipa*), Opisthocoela, 42
—, true (*Bufo*), Procoela, 42
toad-fishes (Haplodoci), 41
toads, sea (Antennarioidei), 41
Todus, Coraciiformes, 44
tody (*Todus*), Coraciiformes, 44
Tomaspis, Homoptera, 28
Tomicus, see *Ips*
Tomistoma, Crocodylia, 43
Tomopteris, Polychaeta, 25
Tonicella, Chitonida, 22
Tonna (= *Dolium*), Mesogastropoda, 22
tope (*Galeorhinus*), Galeoidei, 37
top-shell (*Trochus*), Archaeogastropoda, 22
Torpediniformes, see Narcobatoidei, 37
Torpedo, Narcobatoidei, 37
Tortanus, Calanoida, 30
tortoise, Greek (*Testudo*), Cryptodira, 42
Tortrix, Ditrysia, 29
Totanus, see *Tringa*
toucan (*Ramphastos*), Piciformes, 44
Toxascaris, Ascaridina, 18
Toxocara, Ascaridina, 18
Toxoplasma, Sporozoa (end), 8
toxoplasmosis (*Toxoplasma*), Sporozoa (end), 8
Toxopneustes, Temnopleuroida, 34
Toxoptera, Homoptera, 28
Tracheliastes, Lernaeopodoida, 31
Trachelipus (= *Tracheoniscus*), Isopoda, 32
Trachelobdella (= *Trachylobdella*), Rhynchobdellida, 25
Trachelomonas, Euglenoidina, 6
Tracheoniscus, see *Trachelipus*
Trachinus, Percoidei, 39
Trachurus, Percoidei, 39
Trachycorystes, Siluroidei, 39
Trachylobdella, see *Trachelobdella*
Trachymedusae, 12
Trachypenaeus, Natantia, 32
Trachypterus, Allotriognathi, 39
Trachyrincus, Anacanthini, 39
Trachysaurus, Sauria, 42
Trachystomata, 42
Trachytes, Acari, 33
Tragulus, Ruminantia, 48
Trapezium, see *Beguina*
Travisia, Polychaeta, 25
tree frog (*Hyla*), Procoela, 42
— — (*Rhacophorus*), Diplasiocoela, 42
tree-hopper (*Centrotus*), Homoptera, 28

tree hyrax (*Dendrohyrax*), Hyracoidea, 47
tree shrew (*Tupaia*), Prosimii, 46
Trematoda, 15
Trematomus, Percoidei, 39
Tremoctopus, Octopoda, 24
Trepanosyllis, Polychaeta, 25
Trepomonas, Distomatina, 7
Trepostomata, see Cyclostomata, 21
—, 21 (footnote)
Treron, Columbiformes, 44
Triacanthus, Balistoidei, 41
Triaenophorus, Pseudophyllidea, 14
Triakis, Galeoidei, 37
Trialeurodes, Homoptera, 28
Triangulus, Rhizocephala, 31
Triarthra, see *Filinia*
Triatoma, Heteroptera, 28
Tribolium, Polyphaga, 29
Tribolodon, Cyprinoidei, 38
Triboniophorus, Stylommatophora, 23
Trichamoeba, Amoebina, 7
Trichechus, Sirenia, 47
Trichina, see *Trichinella*
trichina worm (*Trichinella*), Dorylaimina, 19
Trichinella, Dorylaimina, 19
Trichinelloidea, see Trichuroidea, 20
Trichiuroidei, 40
Trichiurus, Trichiuroidei, 40
Trichobilharzia, Digenea, 15
Trichocephalus, see *Trichuris*
Trichocerca (= *Diurella*, *Rattulus*), Ploima, 18
Trichodactylus, Reptantia, 32
Trichodectes, Mallophaga, 28
Trichodina, Peritrichida, 9
Trichogramma, Apocrita, 30
Trichomonas, Metamonadina, 7
Trichoniscus, Isopoda, 31
Trichonympha, Metamonadina, 7
Trichoptera, 29
Trichorhina, Isopoda, 32
Trichoribates, Acari, 33
Trichostomatida, 8
trichostrongyles (*Cooperia*), Strongylina, 18
— (*Haemonchus*), Strongylina, 18
— (*Ostertagia*), Strongylina, 18
Trichosurus, Marsupialia, 45
Trichothyas, Acari, 33
Trichotria (= *Dinocharis*), Ploima, 18
Trichuris, Dorylaimina, 19
Trichuroidea, 20
Tricladida, 14

Tricula, Mesogastropoda, 22
Tridacna, Heterodonta, 24
Tridentiger, Gobioidei, 40
trigger-fishes (Plectognathi), 40–41
Trigla, Scorpaenoidei, 40
Trigoniulus, Spirobolida, 26
Trimastix, Metamonadina, 7
Trimeresurus, Serpentes, 43
Trimerotropis, Caelifera, 28
Trimusculus, see *Siphonaria*
Trinchesia, Nudibranchia, 23
Trinectes, Heterosomata, 40
Tringa (= *Totanus*), Charadriiformes, 44
Triodopsis, Stylommatophora, 23
Trionyx, Cryptodira, 42
Triopha, Nudibranchia, 23
Triops, Notostraca, 30
Tripneustes, Temnopleuroida, 34
Tripyla, Enoplina, 19
Tristoma, Capsaloidea, 14
Tristramella, Percoidei, 39
Triticella, Ctenostomata, 21
Triton, see *Triturus*
Tritonia, see *Charonia*
Triturus, Salamandroidea, 42
Trivia, Mesogastropoda, 22
Trocheta, Gnathobdellida, 25
Trochilus, Apodiformes, 44
Trochosa, Araneae, 33
Trochosphaera, Flosculariaceae, 18
Trochospongilla, Haplosclerida, 11
Trochus, Archaeogastropoda, 22
Troglichthys, Amblyopsoidei, 39
Troglocambarus, Reptantia, 32
Troglocaris, Natantia, 32
Troglodytella, Entodiniomorphida, 9
Troglodytes, Passeres, 45
Troglodytes, see *Pan*
Trogoniformes, 44
trogons (Trogoniformes), 44
Trombicula, Acari, 33
Trombidium, Acari, 33
Tropheus, Percoidei, 39
tropic bird (*Phaethon*), Pelecaniformes, 43
Tropicorbis, Basommatophora, 23
Tropidonotus, see *Natrix*
Tropidurus, Sauria, 42
Tropiometra, Articulata, 34
Tropisurus, see *Tetrameres*
Tropocyclops, Cyclopoida, 30
trout (*Salmo*), Salmonoidei, 38
true corals (Scleractinia), 13
true dragonflies (Anisoptera), 27

true flies (Diptera), 29
true frog (*Rana*), Diplasiocoela, 42
true toad (*Bufo*), Procoela, 42
trumpeter (*Psophia*), Gruiformes, 44
trumpet-shell (*Charonia*), Mesogastropoda, 22
Trutta, see *Salmo*
Tryblidioidea, 22
Trygon, see *Dasyatis*
*Trypanoplasma, see *Cryptobia*
Trypanorhyncha, see Tetrarhynchoidea, 15
Trypanosoma, Protomonadina, 6
*Trypoxylon, Apocrita, 30
tse-tse fly (*Glossina*), Cyclorrhapha, 30
tuatara (*Sphenodon*), Rhynchocephalia, 42
Tubifex, Oligochaeta, 25
Tubinares, see Procellariiformes, 43
*Tubucellaria, see *Margaretta*
Tubulanus, Palaeonemertina, 17
Tubularia, Athecata, 12
Tubulidentata, 47
Tubulipora, Cyclostomata, 21
Tunga, Siphonaptera, 30
Tunicata, see Urochordata, 36
tunny (*Thunnus*), Scombroidei, 40
Tupaia, Prosimii, 46
*Tupinambis, Sauria, 42
Turbatrix, Rhabditina, 18
Turbellaria, 13–14
turbellarians (Turbellaria), 13–14
*Turbinella, see *Xancus*
*Turbo, Archaeogastropoda, 22
*Turbonilla, Mesogastropoda, 22
Turdus, Passeres, 45
*Turgida, see *Physaloptera*
turkey (*Meleagris*), Galliformes, 44
turkey vulture (*Cathartes*), Falconiformes, 44
Turnix, Gruiformes, 44
*Turris (=*Pleurotoma*), Stenoglossa, 23
*—, see *Leuckartiara*
*—, see *Neoturris*
*Turritella, Mesogastropoda, 22
Tursio, see *Tursiops*
Tursiops, Odontoceti, 47
turtle, green (*Chelonia*), Cryptodira, 42
—, leathery (*Dermochelys*), Cryptodira, 42
—, long necked (*Chelodina*), Pleurodira, 42
—, soft-shelled (*Trionyx*), Cryptodira, 42
*Turtur, Columbiformes, 44
tusk-shells (Scaphopoda), 23

two-winged flies (Diptera), 29
*Tydeus, Acari, 33
Tylenchida, 19
*Tylenchorhynchus, Tylenchida, 19
*Tylenchus, Tylenchida, 19
Tylopoda, 48
*Tylosurus, Scomberesocoidei, 39
*Tympanomerus, see *Ilyoplax*
*Tympanotonus, Mesogastropoda, 22
Typhlichthys, Amblyopsoidei, 39
*Typhlodromus, Acari, 33
*Typhlogarra, Cyprinoidei, 38
Typhlonectes, Gymnophiona, 41
Tyranni, 45
*Tyrannus, Tyranni, 45
*Tyrellia, Acari, 33
*Tyrophagus, Acari, 33
Tyto, Strigiformes, 44
*Tyzzeria, Eimeriidea, 8

U

*Uca, Reptantia, 32
Udonella, Udonelloidea, 14
Udonelloidea, 14
*Ulca, Scorpaenoidei, 40
*Uloborus, Araneae, 33
*Uma, Sauria, 42
*Umbonium, Archaeogastropoda, 22
Umbra, Haplomi, 38
Umbraculum, Notaspidea, 23
umbrella bird (*Cephalopterus*), Tyranni, 45
*Uncinaria, Strongylina, 18
Unio, Heterodonta, 24
*Uniomerus, Heterodonta, 24
*Unionicola, Acari, 33
*Upeneus, Percoidei, 39
*Upogebia, Reptantia, 32
Upupa, Coraciiformes, 44
*Uranoscopus, Percoidei, 39
Urceolaria, Peritrichida, 9
urchins, cake (Clypeasteroida), 35
—, heart (Spatangoida), 35
—, sea (Cidaroida), 34
—, — (Diadematacea), 34
—, — (Echinacea), 34
Urechis, Xenopneusta, 24
Urnatella, Urnatellidae, 21
Urnatellidae, 21
*Urocampus, Solenichthyes, 39
Urocentrum, Peniculina, 8
Urochordata, 36
*Urocleidus, Capsaloidea, 14
Urodela, see Caudata, 41

Uroglena, Chrysomonadina, 6
Uroleptus, Hypotrichida, 9
*Urolophus, Batoidei, 37
*Uromastyx, Sauria, 42
*Uronema, Tetrahymenina, 8
*Uronychia, Hypotrichida, 9
*Urophycis, Anacanthini, 39
*Urosalpinx, Stenoglossa, 23
*Urothoe, Amphipoda, 32
Ursus, Carnivora, 47
*Uta, Sauria, 42
Uteriporus, Maricola, 14

V

Vacuolaria, Chloromonadina, 6
*Vaginulus, Stylommatophora, 23
Vahlkampfia, Amoebina, 7
*Valenciennellus, Stomiatoidei, 38
*Vallonia, Stylommatophora, 23
*Valvata, Mesogastropoda, 22
vampire (*Desmodus*), Microchiroptera, 45
vampire squid (*Vampyroteuthis*), Vampyromorpha, 24
Vampyrella, Heliozoa, 7
Vampyromorpha, 24
Vampyroteuthis, Vampyromorpha, 24
*Vanadis, Oligochaeta, 25
*Vanellus, Charadriiformes, 44
*Vanessa, Ditrysia, 29
*Varanus, Sauria, 42
*Vasum, Stenoglossa, 23
*Veigaia, Acari, 33
Velamen, Cestida, 13
Velella, Athecata, 12
*Velesunio, Heterodonta, 24
*Velutina, Mesogastropoda, 22
*Venerupis, Heterodonta, 24
*Ventridens, Stylommatophora, 23
Venus, Heterodonta, 24
Venus's flower basket (*Euplectella*), Lyssacinosa, 10
Venus's girdle (*Cestum*), Cestida, 13
*Vermetus, Mesogastropoda, 22
Verongia, Dictyoceratida, 10
*Verruca, Thoracica, 31
Vertebrata, 36–48
*Vertigo, Stylommatophora, 23
Vespa, Apocrita, 30
*Vespericola, Stylommatophora, 23
*Vespertilio, Microchiroptera, 45
Vespula, Apocrita, 30
Vexillum, see *Velamen*
*Victorella, Ctenostomata, 21

vicuna (*Lama*), Tylopoda, 48
*Vimba, Cyprinoidei, 38
*Vinciguerria, Stomiatoidei, 38
vine pest (*Phylloxera*), Homoptera, 28
vinegar eelworm (*Turbatrix*), Rhabditina, 18
viper (*Vipera*), Serpentes, 43
Vipera, Serpentes, 43
Virgularia, Pennatulacea, 12
*Viscaccia, see *Lagidium*
*Vitjazema, Echiurida, 24
*Vitrina, Stylommatophora, 23
*Vittaticella, Cheilostomata, 21
Viverra, Carnivora, 47
Viviparus, Mesogastropoda, 22
Vogtia, Siphonophora, 12
vole (*Microtus*), Myomorpha, 46
—, bank (*Clethrionomys*), Myomorpha, 46
—, water (*Arvicola*), Myomorpha, 46
*Volucella, Cyclorrhapha, 30
*Voluta, Stenoglossa, 23
Volvocina, see Phytomonadina, 6
Volvox, Phytomonadina, 6
Vombatus, Marsupialia, 45
Vonones, Opiliones, 33
Vorticella, Peritrichida, 9
Vulpes, Carnivora, 47
*Vultur, Falconiformes, 44
vulture, black (*Aegypius*), Falconiformes, 44
—, turkey (*Cathartes*), Falconiformes, 44

W

*Walckenaera, Araneae, 33
Waldheimia, Symphyta, 30
wall lizard (*Lacerta*), Sauria, 42
*Wallago, Siluroidei, 39
walrus (*Odobenus*), Pinnipedia, 47
*Walterinnesia, Serpentes, 43
wapiti (*Cervus*), Ruminantia, 48
wart hog (*Phacochoerus*), Suiformes, 47
wasp (*Vespula*), Apocrita, 30
—, giant wood (*Sirex*), Symphyta, 30
*Watasenia, Decapoda, 24
water-bears (Tardigrada), 33
water beetle (*Dytiscus*), Adephaga, 29
water boatman (*Corixa*), Heteroptera, 28
water chevrotain (*Hyemoschus*), Ruminantia, 48
water deer, Chinese (*Hydropotes*), Ruminantia, 48
waterdog (*Necturus*), Proteida, 42
water fleas (Cladocera), 30

water snake (*Natrix*), Serpentes, 43
water vole (*Arvicola*), Myomorpha, 46
Watersipora, Cheilostomata, 21
wax moth (*Galleria*), Ditrysia, 29
weasel (*Mustela*), Carnivora, 47
web-spinners (Embioptera), 28
well shrimp (*Niphargus*), Amphipoda, 32
Wenyonella, Eimeriidea, 8
Wenyonia, Pseudophyllidea, 14
whale, beaked (*Mesoplodon*), Odontoceti, 47
—, blue (*Sibbaldus*), Mysticeti, 47
—, bottle-nosed (*Hyperoodon*), Odontoceti, 47
—, grey (*Rhachianectes*), Mysticeti, 47
—, killer (*Orcinus*), Odontoceti, 47
—, right (*Balaena*), Mysticeti, 47
—, sperm (*Physeter*), Odontoceti, 47
whale feed (Euphausiacea), 32
whale louse (*Cyamus*), Amphipoda, 32
whale-headed stork (*Balaeniceps*), Ciconiiformes, 43
wheat gall eelworm (*Anguina*), Tylenchida, 19
wheel animalcules (Rotifera), 17
whelk (*Buccinum*), Stenoglossa, 23
—, American (*Busycon*), Stenoglossa, 23
—, dog- (*Ilyanassa*), Stenoglossa, 23
—, — (*Nassarius*), Stenoglossa, 23
whip scorpions Holopeltida, 32
whipworm (*Trichuris*), Dorylaimina, 19
whirligig (*Gyrinus*), Adephaga, 29
white ants (Isoptera), 27
whitefish (*Coregonus*), Salmonoidei, 38
white-tailed deer (*Odocoileus*), Ruminantia, 48
white-tailed rat (*Mystromys*), Myomorpha, 46
white-toothed shrew (*Crocidura*), Insectivora, 45
white worm (*Enchytraeus*), Oligochaeta, 25
whiting (*Gadus*), Anacanthini, 39
Willeyia, Enteropneusta, 35
Williamia, Basommatophora, 23
wind scorpions (Solifugae), 33
winkle, sting- (*Murex*), Stenoglossa, 23
—, — (*Ocenebra*), Stenoglossa, 23
wire worm (*Agriotes*), Polyphaga, 29
Wohlfahrtia, Cyclorrhapha, 30
wolf (*Canis*), Carnivora, 47
wolf-fish (*Anarhichas*), Blennioidei, 40
wombat (*Vombatus*), Marsupialia, 45
wood mouse (*Apodemus*), Myomorpha, 46
wood wasp, giant (*Sirex*), Symphyta, 30

woodchuck (*Marmota*), Sciuromorpha, 46
woodland salamander (*Plethodon*), Salamandroidea, 42
woodlouse (*Armadillidium*), Isopoda, 32
— (*Ligia*), Isopoda, 32
woodpecker (*Dryocopus*), Piciformes, 44
— (*Picus*), Piciformes, 44
worm, boot-lace (*Lineus*), Heteronemertina, 17
—, dog heart (*Dirofilaria*), Spirurida, 19
—, dog kidney (*Dioctophyme*), Dioctophymatina, 19
—, eye (*Thelazia*), Spirurida, 19
—, filarial (*Wuchereria*), Spirurida, 19
—, gape (*Syngamus*), Strongylina, 18
—, guinea (*Dracunculus*), Spirurida, 19
—, gullet (*Gongylonema*), Spirurida, 19
—, horse stomach worm (*Habronema*), Spirurida, 19
—, nodular (*Oesophagostomum*), Strongylina, 18
—, peacock fan (*Sabella*), Polychaeta, 25
—, poultry caecal (*Heterakis*), Ascaridina, 18
—, poultry stomach (*Tetrameres*), Spirurida, 19
—, ship- (*Teredo*), Desmodonta, 24
—, trichina (*Trichinella*), Dorylaimina, 19
—, white (*Enchytraeus*), Oligochaeta, 25
worms, acorn (Enteropneusta), 35
—, arrow (Chaetognatha), 33
—, beard (Pogonophora), 33
—, horse-hair (Nematomorpha), 18
—, ribbon (Nemertina), 17
—, thorny-headed (Acanthocephala), 20–21
Wuchereria, Spirurida, 19

X

Xancus (=*Turbinella*), Stenoglossa, 23
Xantho, Reptantia, 32
Xanthomonadina, 6
Xenentodon, Scomberesocoidei, 39
Xenobolus, Spirobolida, 26
Xenodon, Serpentes, 43
Xenomelaniris, Mugiloidei, 40
Xenopharynx, Digenea, 15
Xenopleura, Enteropneusta, 35
Xenopneusta, 24
Xenopsylla, Siphonaptera, 30
Xenopterygii, 41
Xenopus, Opisthocoela, 42
Xenos, Strepsiptera, 29
Xenosaurus, Sauria, 42

Xenosiphon, Sipuncula, 24
Xerus, Sciuromorpha, 46
*Xestobium, Polyphaga, 29
*Xesurus, Acanthuroidei, 39
*Xiphias, Scombroidei, 40
Xiphinema, Dorylaimina, 19
*Xiphopeneus, Natantia, 32
*Xiphophorus, Cyprinodontoidei, 39
Xiphosura, 32
*Xylocopa, Apocrita, 30
*Xylophaga, Desmodonta, 24
*Xylotrechus, Polyphaga, 29
*Xyrichtys, Percoidei, 39
*Xystocheir (=*Luminodesmus*), Polydesmida, 26
*Xystrias, Heterosomata, 40

Y

Yoldia, Protobranchia, 23
*Yponomeuta (=*Hyponomeuta*), Ditrysia, 29
*Yungia, Cotylea, 14

Z

*Zacco, Cyprinoidei, 38
Zalophus, Pinnipedia, 47
*Zamenis, see *Ptyas*
Zapus, Myomorpha, 46
zebra (*Equus*), Hippomorpha, 47
zebra-mussel (*Dreissena*), Heterodonta, 24
*Zebrasoma, Acanthuroidei, 39

*Zebrina, Stylommatophora, 23
Zelleriella, Opalinina, 7
*Zenaidura, Columbiformes, 44
*Zenion, Zeomorphi, 39
Zenkevitchiana, Thecanephria, 33
*Zenobiella, Stylommatophora, 23
Zeomorphi, 39
Zeugloptera, 29
Zeus, Zeomorphi, 39
*Zirfaea, Desmodonta, 24
Zoantharia, 13
zoanthids (Zoanthiniaria), 13
Zoanthiniaria, 13
Zoanthus, Zoanthiniaria, 13
Zoarces, Blennioidei, 40
*Zonitoides, Stylommatophora, 23
*Zonurus, Sauria, 42
*Zoobotryon, Ctenostomata, 21
Zooflagellata, see Zoomastigina, 6
*Zoogonoides, Digenea, 15
*Zoogonus, Digenea, 15
Zoomastigina, 6–7
*Zootermopsis, Isoptera, 27
Zoothamnium, Peritrichida, 9
*Zootoca, see *Nucras*
Zoraptera, 27
Zorotypus, Zoraptera, 27
*Zosterops, Passeres, 45
*Zygaena, Ditrysia, 29
*Zygiella, Araneae, 33
Zygoptera, 27